基本からわかる
ディジタル回路
講義ノート

渡部英二　[監修]
安藤吉伸・井口幸洋・竜田藤男・平栗健二　[共著]

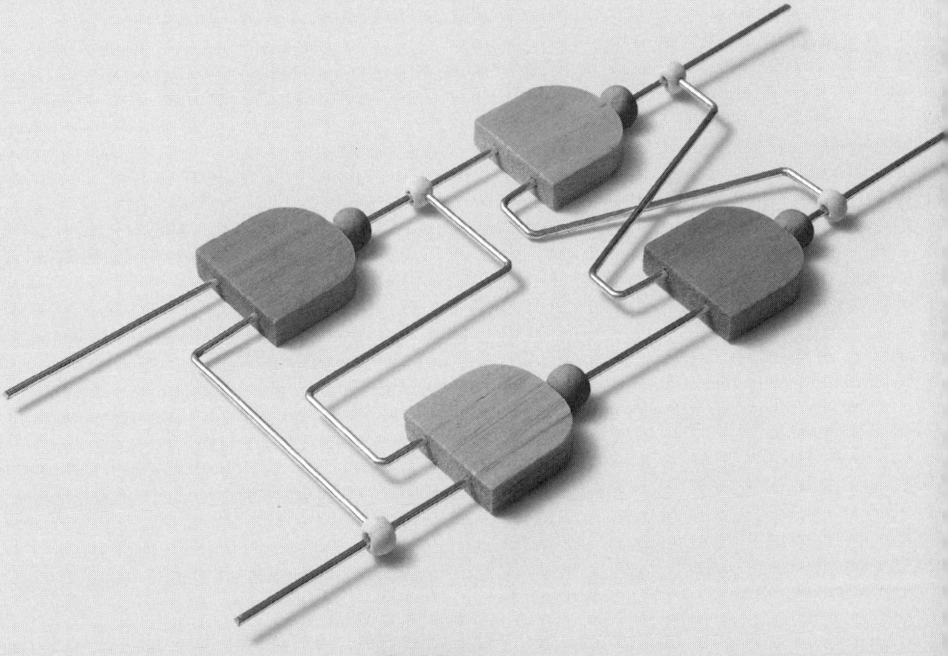

Ohmsha

本書を発行するにあたって，内容に誤りのないようできる限りの注意を払いましたが，本書の内容を適用した結果生じたこと，また，適用できなかった結果について，著者，出版社とも一切の責任を負いませんのでご了承ください．

本書は，「著作権法」によって，著作権等の権利が保護されている著作物です．本書の複製権・翻訳権・上映権・譲渡権・公衆送信権（送信可能化権を含む）は著作権者が保有しています．本書の全部または一部につき，無断で転載，複写複製，電子的装置への入力等をされると，著作権等の権利侵害となる場合があります．また，代行業者等の第三者によるスキャンやデジタル化は，たとえ個人や家庭内での利用であっても著作権法上認められておりませんので，ご注意ください．

本書の無断複写は，著作権法上の制限事項を除き，禁じられています．本書の複写複製を希望される場合は，そのつど事前に下記へ連絡して許諾を得てください．

出版者著作権管理機構
（電話 03-5244-5088, FAX 03-5244-5089, e-mail: info@jcopy.or.jp）

JCOPY ＜出版者著作権管理機構 委託出版物＞

監修のことば

　スマートフォンや携帯音楽プレーヤーに代表される現代の携帯情報端末やオーディオ・ビジュアル機器は，情報の処理をディジタルに行うディジタルシステムによって構成されています．LSI技術の進展に伴い，ディジタルシステムは飛躍的に進歩し，一昔前には考えられないほどコンパクト化しましたが，その内部は想像を絶するほど複雑化しました．このようなディジタルシステムを設計するための基盤となる学問が，本書で展開するディジタル回路です．

　大学におけるディジタル回路の教育はLSI時代が到来する前後で様変わりしました．LSI時代以前は用いるハードウェアの量をなるべく少なくする設計法が主流であったので，大学でもそれに合わせた回路解析・合成法を中心にディジタル回路の講義が行われていました．LSI時代に入ってからは，回路は冗長になっても動作検証のしやすさが優先され，さらにCAD（コンピュータを用いた回路設計）の使用が当然のこととなったので，大学においても，ハードウェア記述言語等が取り込まれるようになりました．

　しかしながら，時代が移り変わっても大規模なディジタルシステムがいくつかの基本ディジタル回路の組合せで出来上がっていることに変わりはありません．したがって，ディジタル回路の学習にあたっては，基本回路の動作を十分に把握しておくことが重要になります．

　本書は，読者がディジタル回路の基本をまんべんなく身につけることのできる教科書あるいは参考書として企画しました．ディジタル回路の数学的基盤はブール代数にあり，本によっては数学的取扱いに主軸を置いているものもあります．このような本だと"もの"としてのディジタル回路にどうしても実感がわきにくくなります．これに対して本書は，ハードウェアとしてのディジタル回路がイメージできるように，アナログ回路からディジタル回路へのつながりに配慮して，基本ディジタル回路のトランジスタレベルでの初歩的解説を入れました．さらに，後半ではディジタル回路の実際的構成法にも触れています．

本書の構成は，次のようになっています．まず，1章ではディジタル回路とは何かについて述べます．この章ではアナログとディジタルのインタフェース，2進数，基本論理回路（NOT，AND，OR）およびディジタルICの基本が取り上げられます．2章では，集合と論理をテーマに，ブール代数の基本事項を述べます．3章では論理関数について述べ，論理式の簡単化法まで取り扱います．4章では組合せ論理回路を取り扱います．論理回路の表現法を紹介した後，基本的な組合せ論理回路としてエンコーダ，コンパレータや加算器などを取り上げます．5章では順序回路の基礎について述べます．記憶回路を基本論理回路でどのように実現するかというところからスタートして，カウンタを例にした順序回路の簡易設計法までを取り上げます．6章では，順序回路の組織的な設計法を述べます．6章の前半は順序回路の状態割当てがメインテーマで，後半ではハードウェア記述言語の概要について説明します．

　本書を通して読者がディジタル回路の山脈への一歩を踏み出すことができるならば，著者一同の望外の喜びとなります．最後に本書の出版に際して多大なお世話をいただいたオーム社の皆さまに謝意を表します．

2015年5月

監修者　渡部英二

目　次

✾1章　ディジタル回路とは
1 – 1　アナログとディジタル …………………………………… 2
1 – 2　n進法：2進数と16進数 …………………………… 13
1 – 3　基本論理回路（NOT，AND，OR）………………… 20
1 – 4　ディジタルIC（CMOS）……………………………… 25
　　　　練習問題 ………………………………………………… 34

✾2章　集合と論理
2 – 1　集合と要素 …………………………………………… 38
2 – 2　ブール代数，真理値表と論理式 …………………… 42
2 – 3　ド・モルガンの定理 ………………………………… 48
　　　　練習問題 ………………………………………………… 52

✾3章　論理関数
3 – 1　論理関数とは ………………………………………… 54
3 – 2　主加法標準形と主乗法標準形 ……………………… 56
3 – 3　カルノー図による簡単化Ⅰ：2変数の場合 ………… 58
3 – 4　カルノー図による簡単化Ⅱ：3変数の場合・ドントケア … 62
3 – 5　カルノー図による簡単化Ⅲ：4変数の場合 ………… 70
3 – 6　クワイン・マクラスキ法による簡単化 …………… 80
　　　　練習問題 ………………………………………………… 84

✾4章　組合せ論理回路
4 – 1　真理値表から論理回路へ …………………………… 86
4 – 2　エンコーダ …………………………………………… 88

v

4－3	デコーダ ··	90
4－4	半加算器と全加算器 ···	93
4－5	半減算器と全減算器 ···	99
4－6	加減算器 ··	104
4－7	コンパレータ ··	106
4－8	パリティ回路 ··	110
4－9	マルチプレクサ ···	112
	練習問題 ··	114

5章 順序回路の基礎

5－1	ラッチ ··	118
5－2	RSラッチの基本動作 ···	121
5－3	RSラッチの応用 ···	126
5－4	クロック入力付ラッチ ···	132
5－5	マスタスレーブ形フリップフロップ ·····················	138
5－6	エッジトリガ形Dフリップフロップ ·····················	144
5－7	さまざまなカウンタ ···	152
	練習問題 ··	158

6章 順序回路の設計法

6－1	順序回路の表現法 ··	162
6－2	順序回路の表現から回路実現へ ····························	170
6－3	順序回路の動作解析 ···	187
6－4	HDLによる設計 ···	192
	練習問題 ··	201

練習問題　解答＆解説 ··	203
索　　引 ··	227

1章

ディジタル回路とは

ディジタル回路は，ディジタル信号を処理するための電子回路です．ではディジタル信号とは何でしょうか．またディジタル回路とはどのような電子回路でしょうか．

音声や映像，温度など，私たちの身の回りの情報の多くはアナログ信号です．アナログ信号をディジタル回路で扱うにはどうすればいいのでしょうか．

本章では，これからディジタル回路を学ぶために必要な基礎知識として，アナログとディジタルの違い，ディジタル回路の基本要素である論理ゲートの構成，ディジタル信号で情報を表現するための2進数や16進数，そしてアナログ信号とディジタル信号の間の変換方法などを学びます．

本章の内容は，以降の章で必要となる基礎的な範囲に留めますので，難しい理論や数学の知識は必要ありません．

- 1-1 アナログとディジタル
- 1-2 n進法：2進数と16進数
- 1-3 基本論理回路（NOT, AND, OR）
- 1-4 ディジタルIC（CMOS）

1-1 アナログとディジタル

キーポイント

　私たちの身の回りのさまざまな情報を利用するためには，これらを量として扱う必要があります．通常これらの量は電気信号として伝送され，加工され，また保存されます．この情報を表す信号の方法を大別すると，アナログ方式とディジタル方式があります．本節では，アナログ信号とディジタル信号による情報の取扱い方法，特徴，さらにはその相互変換の方法について説明します．

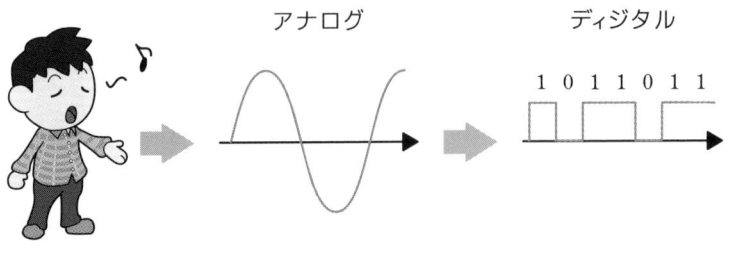

1 アナログ

(1) アナログ信号

　温度，湿度，機械的な運動，音声，映像……などのさまざまな物理量は，センサなどを用いて電気信号に変換することで，増幅，伝送，加工，蓄積などの処理が容易になります．変換の結果，入力信号の大きさに応じた電気信号が得られます．電気信号としては，電圧，電流，周波数などを用いることができますが，以下では電圧を用いて説明しています．

　図1・1(a)のグラフは，温度センサの一種である熱電対の温度に対する熱起電力の特性の一例です．このままでは温度への換算が不便なので，図(b)のグラフのような特性になるように，熱起電力を電子回路で増幅・補償します．この例では，回路の出力電圧〔V〕を10倍すると測定点の温度〔℃〕を知ることができます．つまり図(b)の例では，-5～5Vの電圧値と-50～50℃の温度が対応し，電圧値が温度の情報をもっています．

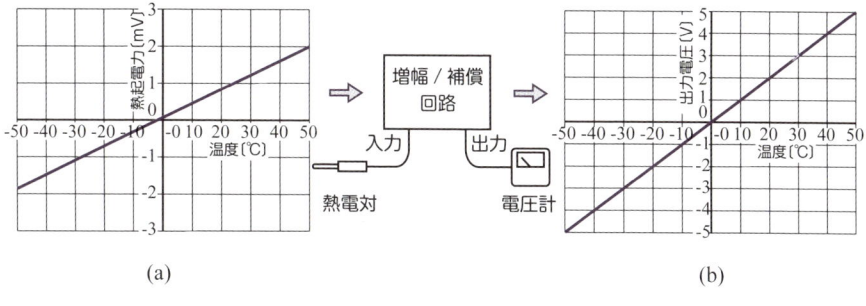

図1・1■熱電対による温度計測

この電圧を図1・2(a)のようなペンレコーダに入力すると，図(b)のような連続的な温度の時間変化を記録することができます．このような量をアナログ量といいます．またこの電圧のようにアナログ量を担う電気信号をアナログ信号，そしてアナログ信号を扱う電子回路をアナログ回路といいます．アナログ（analog/analogue）を英和辞典で調べると，「［名詞］類似物……，［形容詞］類似物の……」といった意味があります．

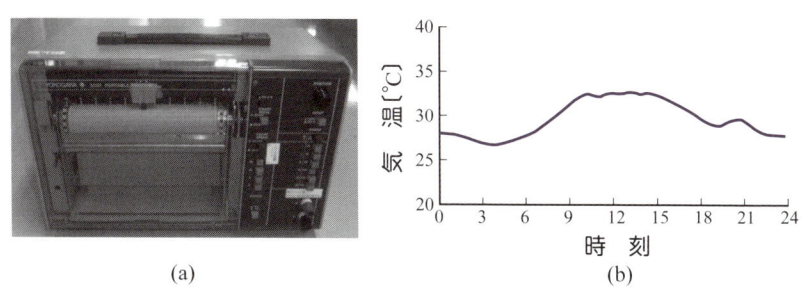

図1・2■ペンレコーダと気温の記録例

（2） アナログの特徴

アナログ信号は電圧値自体が情報（前例の場合は温度）をもっているため，一般に以下のような特徴があります．
(1) 大きさおよび時間ともに連続的に変化する連続量である
(2) 直感的に現象の把握が容易である
(3) ディジタル信号（後述）に比べ，一つの信号で多くの情報を送ることができる．

(4) 反面，ノイズや信号の減衰がそのまま影響し，信号の質が劣化する
(5) 一度劣化した信号を復元するのは非常に困難である（一般には不可能）
(6) 高度な演算処理は簡単ではない
(7) アナログ信号のままでの記録や保存が難しい
(8) 伝送路やアナログ回路の設計や調整に高度な技術を要する

図1・3のように，アナログ量（たとえば音声）をセンサ（マイクロホン）でアナログ信号に変換し，これをアナログ回路によりアナログ信号処理を施し（増幅，フィルタ処理など），変換器（スピーカ）によりアナログ量（処理された音声）を出力するような，一連の処理をすべてアナログで行うシステムをアナログシステムと呼びます．

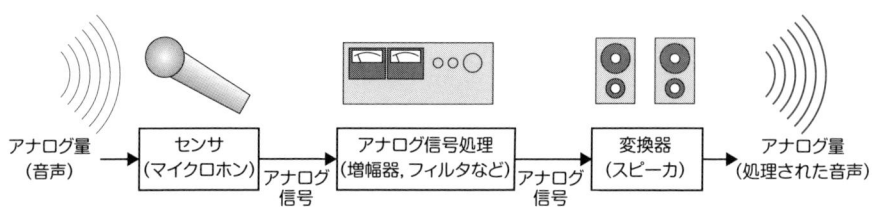

図1・3■アナログシステムの例

優れたアナログ回路の設計・製作には，高度な技術や経験が必要な反面，実装密度はそれほど要求されないため，半導体の集積度をあまり高くできなかった頃は，アナログシステムが主流でした（テレビ，電話，レコード，自動制御など）．しかしながら，回路素子の特性は，製造上の制約，経年劣化，環境変化などの影響を受けます．このためアナログ回路の精度はどんなに注意しても0.数％程度の誤差が不可避であり，また完全に理想的な特性の回路（例えばフィルタ回路など）は事実上実現が不可能であるなど，性能上の限界があります．

2 ディジタル

(1) ディジタル信号

図1・2(b)から，ある時刻の気温が知りたければグラフから読み取ります．この例では時間や気温データは連続量で記録されているので，データの有効数字は，

読取り精度で決まりますが，おおむね数けたでしょう．それならば，最初から時刻と温度を数値で記録するという考え方もあります．

図 1・4(a)に温度の小数点以下を四捨五入した，1 時間ごとの気温の記録を示します．図(b)はそれを棒グラフにしたものです．図 1・2 と図 1・4 の大きな違いは，図 1・2 では時間も気温も連続的に（アナログ量で）記録されているのに対し，図 1・4 では両者とも飛び飛びの値（**離散的**といいます）となっていることです．このため，例えば 5 時 30 分の気温が欲しくても直接得ることはできませんし，また温度の小数点以下が四捨五入されているため，1℃未満の精度で温度を得ることもできません．このような飛び飛びの点として得られる離散的な量を**ディジタル量**，ディジタル量を扱う電気信号が**ディジタル信号**，そしてディジタル信号を扱う電子回路を**ディジタル回路**といいます．なお，ディジタル(digital)を英和辞典で調べてみると，「［名詞］指，鍵盤のキー……，［形容詞］指の，計数型の…」といった意味があります．

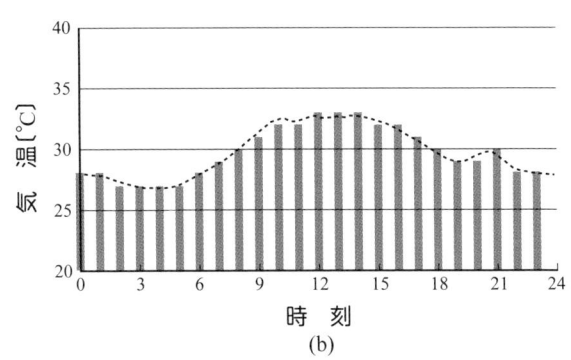

(a) (b)

図 1・4 離散的な気温の記録例

次にディジタル量を電気信号で表す方法について考えましょう．ディジタル信号では，電圧値は連続的な情報をもたず，電圧が高いか低いかの二つの値を取ります．たとえば電圧範囲が 0〜5V の信号において，2.5V より高い場合を数値の 1 に，低い場合を 0 に対応すると決めます．この 2 通りの値をもつことができる情報量の単位を **1 ビット（bit）**といいます．

1bit は 0 か 1 の 2 通りの値しか表すことができないので，これを複数用意し，これらの組合せで（たとえば，00110010……のように）細かな数値を表します．これを**符号（コード）化**といいます．

（2） 信号の重み付け

コード化の一例として，**図1・5**のような上皿天びんを使った質量の測定方法を見てみましょう．ここでは分銅の組合せで被測定物と同じ質量を作り，天秤のバランスを取ります．たとえば100g×1，50g×1，20g×2，10g×1，5g×1，2g×2，1g×1，500mg×1，200mg×2，100mg×1の13個の分銅セットの場合，分銅の組合せで0〜211.0gの質量を0.1g間隔で実現することができます．これは13個の分銅の有無のディジタル信号で，2111通りの組合せが可能であることを意味します．このように，複数のディジタル信号がそれぞれ決められた値を表すものと決めることを**重み付け**といいます．この分銅の組合せは，私たちが馴染んでいる10進数との親和性がよいのですが，10進数にこだわらなければ，もっと効率のよい表し方があります．

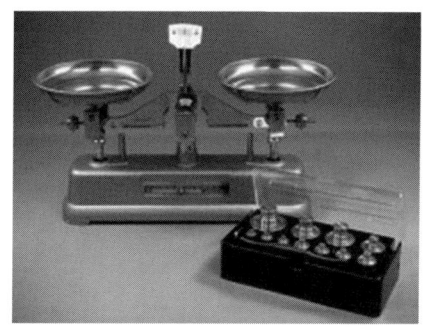

図1・5 上皿天びんおよび分銅（Webからの転載）

表1・1 4ビットで表すことができる数値（値は10進数）

bit列	値	bit列	値	bit列	値	bit列	値
0000	0	0100	4	1000	8	1100	12
0001	1	0101	5	1001	9	1101	13
0010	2	0110	6	1010	10	1110	14
0011	3	0111	7	1011	11	1111	15

まず一つ目のディジタル信号で1の有無を表します．次に二つめの信号は2を，三つ目は4というように，信号を1ビット追加するごとに，新たに2倍の重み付けをします．つまり，n番目の信号は2^{n-1}の有無を表すものとします．たとえば4ビットのディジタル信号では，**表1・1**の0〜15の16通りの値を表すことがで

きます．表1・1のビット列は，一番右が1の重みを，そして右から左に倍々の重みをもちます．このような数の表し方を**2進法**といいます．2進法については，1-2節で学びます．なおコンピュータでは，8ビットのディジタル信号を1まとめにしたものを**1バイト（byte）**と呼びます．1バイトのディジタル信号は，$2^8 = 256$ 通りの数値を表すことができます．

このようなディジタル信号は信号の有無を表せればよいので，ノイズや減衰などの影響で電圧が変動したとしても，あるレベルの範囲であればもとの情報を正確に再現することができます．また，1ビットのディジタル信号の情報量は1か0の2通りに限られますが，これを必要な数だけ組み合わせることで，必要な精度が得られます．

ディジタル信号には以下のような特徴があります．
(1) 信号の減衰やノイズの重畳があっても，信号の変動幅が許容範囲（ノイズマージンといいます）内であれば影響を受けない．またもとの信号を再現することができる
(2) 1ビットの信号は，2通りの情報しか扱えないが，これを必要なだけ組み合わせて精度を上げることができる
(3) アナログ回路に比べて，回路規模は大きくなるが，個々の回路は単純であり設計や調整が簡単である
(4) データの記録がアナログ信号に比べて容易である
(5) 一般に情報圧縮により，データサイズを小さくすることができる
(6) CADによる回路設計の自動化ができる
(7) アナログ回路では実現不可能な高度な演算処理ができる

図1・6に示すように，センサから得られたアナログ信号を**A-D変換（アナログ-ディジタル変換）**（後述）によりディジタル信号に変換したうえで，ディジタル回路によりディジタル信号処理を施し，これを再び**D-A変換（ディジタル-アナログ変換）**（後述）によりアナログ信号に変換して出力するようなシステムを**ディジタルシステム**と呼びます．

図1・6 ディジタルシステムの例

補足⇒「CAD」：Computer Aided Design：計算機支援設計

1章 ディジタル回路とは
1 アナログとディジタル

ディジタル回路は，回路規模は大きくなる傾向がありますが，個々の回路は単純であり，また精度もそれほど要求されないため，環境変化や経年劣化による特性の変化などは問題になりません．またディジタル信号処理では，数学的に理想的な特性が実現可能であり，アナログシステムと比較して，大幅な性能の向上が可能です．半導体の集積技術や，CAD のような，コンピュータによる設計技術が進歩した現在では，回路の大規模化はそれほど問題とはならないため，あらゆる方面でディジタルシステム化が進んでいます．

一方で，私たちが感知するさまざまな物理量はアナログ量であることに変わりはありません．このためディジタルシステムを実現するためには，アナログ信号とディジタル信号の間の相互変換が必要になります．

3 A-D 変換

図 1・7 は，マイクロホンで拾った音声信号を，適切な回路で処理をして得たアナログ信号の一例です．このような信号を扱うディジタルシステムを構築するためには，アナログとディジタルの双方向の変換が必要になります．アナログ信号をディジタル信号に変換することを A-D 変換，その逆を D-A 変換といいます．ここでは図の音声信号を例に，A-D 変換および D-A 変換の概要を示します．

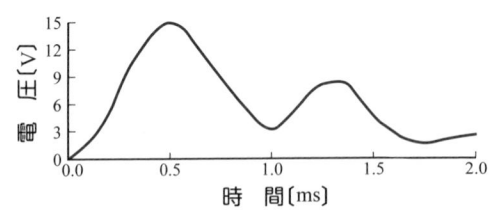

図 1・7 ■音声（アナログ）信号の例

アナログ信号は，時間と大きさ方向に連続的な値を有するのに対し，ディジタル信号は両方向とも離散的な値を取ります．このため A-D 変換の手順は次のようになります．

(1) 標本化（サンプリング）

図 1・7 のアナログ信号（原信号）を，図 1・8 のように一定時間間隔で電圧値を測定します．このような操作を標本化（またはサンプリング）といいます．この段階では，測定した電圧値はまだ連続的な値をもつアナログ値です．

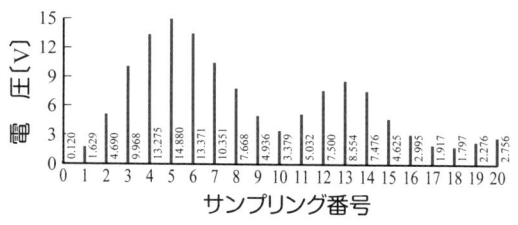

図1・8■標本化(サンプリング)

　標本化の間隔のことを標本化周期(単位は秒(記号：s))，その逆数を標本化周波数(単位はヘルツ(記号：Hz))といいます．標本化周波数は，原信号に含まれる一番高い周波数成分の少なくとも2倍以上である必要があります．逆の言い方をすれば，原信号にサンプリング周波数の1/2以上の周波数成分が含まれていると，正常なA-D変換ができなくなります(サンプリング定理)．このため一般に標本化の前には，ローパスフィルタで原信号から高い周波数成分を除去しておきます．図1・8の例では，サンプリング周波数は10 kHzとしましたが，音楽用のコンパクトディスク(CD)では，サンプリング周波数として44.1 kHzが採用されています．また図1・8の横軸は，図1・7と異なり，時間ではなくサンプリング番号としてあります．サンプリング周期がわかれば，この番号から原信号の時間に換算することができます．

　サンプリングの結果得られた信号は，図1・8のようなぶつ切り状態になっていますが，まだ原信号の情報量はすべて有しています．図中のサンプリングされた縦棒に併記した数値は，参考のためにアナログの計測値を有限のけた数に丸めたものです．

(2) 量 子 化

　次に標本化したアナログ値を，**図1・9**のように必要とする分解能(ビット幅)に応じた段階的(離散的)な値に丸めます．この処理を量子化といいます．図の例では，小数点以下を四捨五入して，電圧値を16段階に丸めています．量子化の結果，原信号の情報の一部が失われるため，ここから原信号を完全に復元することはできなくなります．量子化によって発生する誤差を量子化誤差といいます．量子化誤差を小さくするには，ディジタル信号の分解能(ビット幅)を大きくする必要がありますが，分解能は回路の規模や処理能力などの制約を受けます．図1・9では，4 bitの分解能の場合の例を示していますが，たとえばコンパクトディスク(CD)では，16 bit(分解能は65 536)が採用されています．

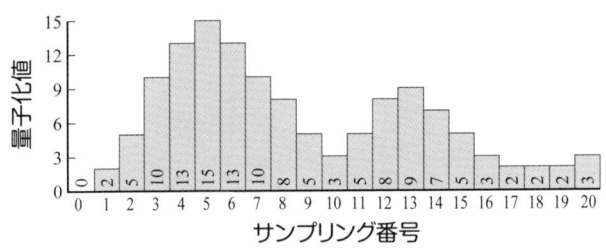

図 1・9 ■量子化

（3）符号（コード）化

　量子化した離散信号を，ディジタル回路で扱うことができるように，たとえば2進数などの数値データとして表すことを，前述したように「符号（コード）化」といいます．用いる符号には，2進数のほか，必要に応じて，グレイコードや，ほかの形式が採用される場合もあります．以上の一連の A-D 変換を行う装置を A-D 変換器といいます．**図 1・10** の例では，説明を容易にするために，電圧値の 0 ～ 15V をディジタル値の 0 ～ 15 に対応させてコード化していますが，必ずしもこのように 1：1 に対応させる必要はありません．要するに符号化したディジタル値と原信号の値との対応がつけばよいのです．

サンプル番号	0	1	2	3	4	5	6	7	8	…
コード値	0000	0010	0101	1010	1101	1111	1101	1010	1000	…

図 1・10 ■コード化

　以上のような手順を経て得られた図 1・10 のようなディジタル信号は，数値として取り扱うことができるため，メモリに保存したり，コンピュータを用いた高度な演算処理を施したりすることが可能になります．

4　D-A 変換

　A-D 変換とは逆に，ディジタルデータ化された信号から，アナログ信号を得る手順を示します．
　たとえばディジタル信号として保存されている図 1・10 の音声データがメモリ

に格納されており，これを再生する場合について考えます．先の A-D 変換の結果得られたディジタルデータは，一定の周期（サンプリング周波数）で原信号の値を（場合によっては加工して）記録した値ですから，**図 1・11** のように，これを同じ周期でメモリから次々に呼び出し，そのディジタル値に応じた電圧値を出力することで，アナログ信号を再現することができます．このための回路がD-A 変換器です．D-A 変換器の出力には，目的の信号のほかに，サンプリング周波数に起因する高い周波数成分が雑音として含まれていますので，一般にこれをローパスフィルタにより除去します．

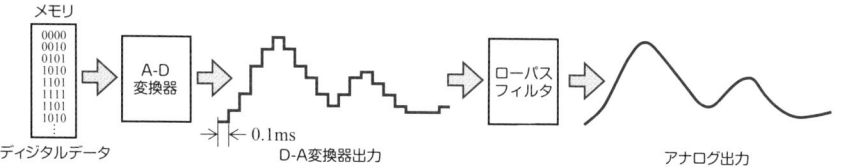

図 1・11 D-A 変換

まとめ

　変化が連続的な物理現象を，電圧などの時間変化に置き換えたものがアナログ信号です．アナログ信号は，電圧値そのものに情報をもたせているため，雑音や減衰の影響を直接受けて，信号の質が劣化します．一度劣化した信号の復元は困難（一般には不可能）です．

　信号を数値の形で扱うのがディジタル信号です．ディジタル信号では，電圧の有無により情報を表すため，雑音や減衰による電圧の変動が許容範囲内であれば，信号の復元が可能で，劣化しません．

　アナログ信号をディジタル信号に変換する操作がA-D変換，その逆がD-A変換です．

　ディジタル信号は大きさが離散的であるため，A-D変換を施した場合，量子化誤差が発生します．量子化誤差を軽減するには量子化のビット幅を大きくします．

　A-D変換において，原信号としてサンプリング周波数の1/2以上の周波数成分は扱えません．高い周波数の信号を扱うためにはサンプリング周波数を高くします．

　アナログ信号を，アナログ回路でアナログのまま処理し，アナログ出力を得るシステムをアナログシステムと呼びます．これに対し，アナログ信号をいったんディジタル信号に変換してからディジタル信号処理を施し，再びアナログに変換して出力を得るのがディジタルシステムです．

例題 1

　図1·7～1·10に示したように4ビットで量子化を行うA-D変換の量子化誤差は扱うことができる信号の最大値に対して，最大で何%になるか求めなさい．またコンパクトディスクのように，16ビットの場合はいくらになるか求めなさい．

　4ビットの場合の量子化誤差は最大 $1/2^4 \times 100 = 6.25\%$
　16ビットの場合の量子化誤差は最大 $1/2^{16} \times 100 = 0.0015\%$

1-2 n 進法：2進数と16進数

キーポイント

私たちが普段使い慣れている数は10進数です．一方，コンピュータで扱う数は2進数です．そのため，コンピュータにさまざまな仕事をさせるためには，10進数と2進数の間の基数の変換が必要になります．

10進数と2進数の間の基数変換は多少手間がかかるので，コンピュータでの数の表現には2進数との変換が容易な16進数がよく用いられます．

本節では，10進数，2進数，16進数の特徴や相互の変換方法，さらにコンピュータでの負数の扱いなどについて学びましょう．

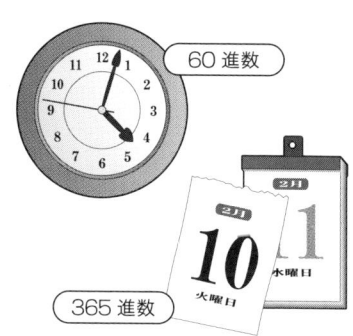

1　10進法と10進数

（1）整　数

改めて普段私たちが使っている数を眺めてみましょう．まずは整数です．用いる記号は 0 ～ 9 の10種類のアラビア数字です．0 から 1 ずつ数えると，0，1，2，……，9，9 の次は左側にけた上りの数字を追加し 10，11，12，……，99，そして 99 の次は 100 です．このような数の表し方は「10を基数とした位取りをしている」といいます．この方法を 10進記数法，または単に 10進法といいます．10進法で表された数が 10進数です．

10進数の右端のけたは 1，またそのほかのけたは，その右側のけたの 10 倍の「重みをもっている」といいます．つまり右から m けた目の数字は，10^{m-1} の重みをもっています．そして各けたの値は，その重みの個数を表します．たとえば 123 という 10進数は，$1 \times 10^2 + 2 \times 10^1 + 3 \times 10^0$ の意味です．0以下の整数を表すには，数字の左端に負号「－」を付けて，負数とします．

（2）小　数

りんごの個数を数える場合は，整数で問題はありませんが，長さを測るような場合は，1以下の数が必要になります．10進数は，右端から左に向かって

13

m けた目に 10^{m-1} の重み付けをしていますが，逆に $m-1$ を右方向へ負数まで拡張すると小数となります．そして $m-1=0$ と $m-1=-1$ のけたの間に目印として小数点「．」をおきます．小数点の右側のけたは $m-1=-1$ で $10^{-1}=0.1$，さらにその右側は $10^{-2}=0.01$ の重みをもっています．たとえば 123.45 という 10 進小数は $1\times 10^2+2\times 10^1+3\times 10^0+4\times 10^{-1}+5\times 10^{-2}$ の意味です．**表1・2** に 10 進数の各けたの重みを示します．

表1・2 10進数の各けたの重み

$m-1$	...	2	1	0		-1	-2	-3	...
重み	...	10^2 =100	10^1 =10	10^0 =1	（小数点）．	10^{-1} =0.1	10^{-2} =0.01	10^{-3} =0.001	...

2 n 進数

私たちは，通常慣れ親しんでいる 10 進法を使いますが，基数は必ずしも 10 である必要はありません．上記の 10 進法の説明での基数の 10 を，別の整数 n に置き換えた数の記数法が n 進法であり，また n 進数です．

論理回路で構成される現在のコンピュータでは，数は 2 進数で処理されます．また 2 進数は "2 のべき乗" 進数との間の基数変換が容易なため，8 進数や 16 進数もよく用いられます．

3 2 進数

（1） 2 進法

10 進法では 0 〜 9 の 10 種類の数字を使いますが，論理回路は真と偽の 2 値をもつ論理値しか扱えません．このため論理回路で構成されるコンピュータは，論理値に数字の 0 と 1 を割り当てた 2 進法を用います．なお，2 進数 1 けたは 1 bit の情報量をもち，2 進数 8 けたの 8 bit をまとめて 1 byte といいます（1-1 節，1-3 節を参照）．

10 進数の場合と同様の考え方で，2 進数の右端から m けた目は 2^{m-1} の重みをもっていることになります．たとえば 2 進数 1001 は，$1\times 2^3+0\times 2^2+0\times 2^1+1\times 2^0=8+1=9$ という 10 進数になります．なお 1001 のような表記では，基数が不明なために混乱しますので，必要に応じて 1001_2 のように右端に下

付文字で基数を明示します．つまり，$1001_2 = 9_{10}$ のような表記になります（基数表示部は常に10進数とします）．

（2）2進数と10進数間の変換

2進数の各けたにはそれぞれの重みがありますから，値が1であるけたの重みの総計を（もちろん10進数で）求めれば10進数に変換できます．たとえば

$1001_2 = 2^3 + 2^0 = 9_{10}$，$1010_2 = 2^3 + 2^1 = 10_{10}$，
$1111_2 = 2^3 + 2^2 + 2^1 + 2^0 = 15_{10}$

などです．

逆に10進数を2進数に変換するには，その数を基数の2で割った余りが2進数の1けた目，その商をさらに2で割った余りが2けた目，その商を……と，割れなくなるまで繰り返します．たとえば 43_{10} を2進数に変換するためには，**図1・12** に示すような筆算がよく用いられます．

```
2) 43
2) 21…1   ←1けた目
2) 10…1   ←2けた目   ⇒  101011₂
2)  5…0   ←3けた目
2)  2…1   ←4けた目
    1…0   ←5けた目
         ←6けた目
```

図1・12 ■筆算による10進2進変換の例

（3）2進数の小数

10進数と同様，2進数で小数を表すこともできます．2進数の場合は，小数点の右側の各けたが，$2^{-1} = 0.5$，$2^{-2} = 0.25$，$2^{-3} = 0.125$，……の重みをもちます．たとえば，$0.101_2 = 0.625_{10}$，$11.11_2 = 3.75_{10}$ などです．

4　16 進 数

コンピュータでは2進数が用いられますが，2進数はけた数が大きくなり，また人が見て値の判断が困難であるといった問題があります．かといって，10進数は2進数との変換に前述のような手間がかかります．このためコンピュータでのデータの表記には，2進数4けたを1まとめにした16進数がよく用いられます．

（1）16 進 法

16進法では基数が16ですので，0～15を表すために16種類の数字が必要で

す．アラビア数字の0～9だけでは不足するので，10～15の部分にアルファベットのA～Fを使います．16進法で数を0から1ずつ数えると，0, 1, 2, ……, 9, A, B, ……, Fとなり，Fの次にけた上りが発生し10となります．表1・3に10進数の0～15に対する，2進数および16進数を示します．

表1・3 ■ 10進数，2進数，16進数

10進数	2進数	16進数	10進数	2進数	16進数
0	0	0	8	1000	8
1	1	1	9	1001	9
2	10	2	10	1010	A
3	11	3	11	1011	B
4	100	4	12	1100	C
5	101	5	13	1101	D
6	110	6	14	1110	E
7	111	7	15	1111	F

(2) 2進数と16進数の基数変換

2進数と16進数の間の基数変換は簡単です．たとえば32000_{10}は2進数では，1100001101010000_2です．これを右端から4けたごとに分け，各4けたを16進数に変換し，結合します．逆に16進数を2進数に変換する場合も同様で，16進数1けたごとを2進数4けたに変換し，そのまま結合します．すなわち，次のような関係になります．

$$111110100000000_2 \Leftrightarrow 111,1101,0000,0000 \Leftrightarrow 7, D, 0, 0 \Leftrightarrow 7D00_{16}$$

5 コンピュータでの負数の扱い

2進数や16進数も，10進数と同様に，数値に負号「－」を付けて負数を表すことは可能です．しかしながら，この方法ではコンピュータに別途負号を処理する仕組みを用意する必要があります．通常コンピュータでは2進の数値の一部に負数を割り当てることで負数を表現します．負数の表現方法には何通りかありますが，ここでは一般的に用いられている「2の補数表現」について学習することにしましょう．

(1) 負数の2の補数表現

ここまでの2進数の説明では，1_2，1010_2，11000_2など，数の大きさに応じてけた数が変化しましたが，負数の2の補数表現のためには，けた数を固定する

必要があります．ここでは例として8けたの2進数の場合について説明します．なお8けたの2進数はそのままでは見づらいので，4けたごとに空白で区切って表示します．

図1・13のように，2進数8けたでは $0000\ 0000_2$ 〜 $1111\ 1111_2$（10進数で 0 〜 255_{10}）の範囲の数を扱うことができます．これを**符号なし整数**といいます．この2進数を1ずつ増やしていくと，最後の $1111\ 1111_2$ の次は，$1\ 0000\ 0000_2$（$= 256_{10}$）になりますが，けた数は8けたに固定したので，9けた目の1が失われて $0000\ 0000_2$ に戻ります．

逆に減算の場合は，$0000\ 0000_2$ の次の値は $1111\ 1111_2$ となります．これを10進数における -1 であると定義するのが**負数の2の補数表現**です．したがって -2 は $1111\ 1110_2$，-3 は $1111\ 1101_2$ となります．

この方法で負数を表現する場合，どこかで正負の境目を決めなければなりません．そこで8けたの2の補数表現では $0000\ 0000_2$ 〜 $0111\ 1111_2$ を正の数（10進数で 0 〜 127_{10}），$1111\ 1111_2$ 〜 $1000\ 0000_2$ を負の数（10進数で -1_{10} 〜 -128_{10}）と定義します．すなわち，8 bit の2の補数表現で扱うことができる値は，-128_{10} 〜 127_{10} の範囲です．このような数を**符号付き整数**といいます．このとき最上位けたをみれば，数の正負がわかります．最上位けたが0のときは正数，1のときは負数になります．なお，0は便宜上正数としています．

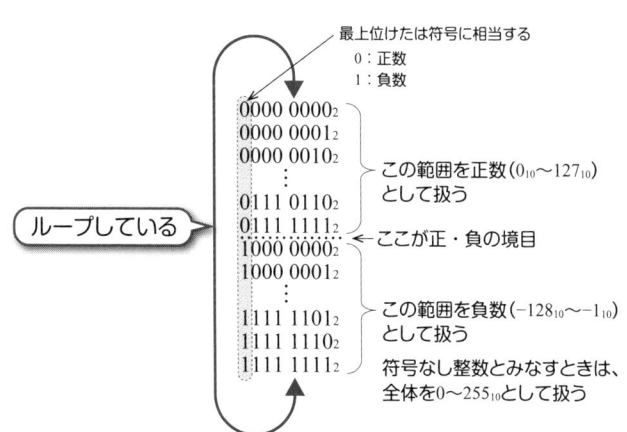

図1・13 8けたの2進数による負数の2の補数表現

2の補数表現は，**図1・14**のように，符号なし／符号付きのどちらの演算も，2進数の演算は全く同じ結果になり好都合です．このため，コンピュータでは加算回路のみで整数の加減算を実現することができます．

表1・4に，種々のけた数の2進数で扱うことができる符号なしおよび符号付き整数の範囲を示します．

2進数の計算 $0000\ 0101_2 + 1111\ 1001_2 = 1111\ 1110_2$ を	
符号なし整数として見ると $5_{10} + 249_{10} = 254_{10}$ となる．	符号付き整数として見ると $5_{10} - 7_{10} = -2_{10}$ となる．
両者とも，2進数では全く同じ計算をしている（別途引き算用回路は不要になる）	

図1・14■符号なしと符号付き整数の加算の例

表1・4■各けた数の2進数で表すことができる符号なしおよび符号付き整数の範囲

けた数	8けた		16けた		32けた	
	符号なし	符号付き	符号なし	符号付き	符号なし	符号付き
最小値	0	−128	0	−32768	0	−2147483648
最大値	255	127	62235	32767	4294967295	2147483647

(2) 2の補数表現による負数の作り方

ここで簡単な2の補数表現による負数の作り方を紹介します．たとえば−123の2の補数表現は以下の手順で求まります．

(1) 123_{10} を8けたの2進数に変換する：$123_{10} = 0111\ 1011_2$
(2) 2進数の全けたの1と0を入れ換える：$0111\ 1011_2 \rightarrow 1000\ 0100_2$
(3) 1を加える：$1000\ 0100_2 + 1 = 1000\ 0101_2 = -123_{10}$

実は，負数から正数へも，同じ手順で変換することができます．

以上の説明では，8けたの2進数について説明しましたが，16けたや32けた，そのほかのけた数の場合も全く同様の方法が使えます．

コンピュータは2進数を扱います．

コンピュータでのデータの表記には，2進数との変換が容易な16進数がよく用いられます．

16進数では，0〜9の通常のアラビア数字のほかに，A〜Fを用います．

コンピュータで負数を扱うには，一般に2の補数表現が用いられます．

例題 2

あるコンピュータで，加算を行ったところ，次式のような結果となり，正しい答えが得られなかった．この原因について考えられる理由を述べなさい．

$32000 + 24000 = -9536$　（すべて10進数）

解答　このコンピュータは，数値を16bitの2の補数表現による符号付整数と解釈したものだと推測されます．すなわち

$32000_{10} + 24000_{10} = 56000_{10}$

を2進数で表すと

$0111\ 1101\ 0000\ 0000_2 + 0101\ 1101\ 1100\ 0000_2$

$= 1101\ 1010\ 1100\ 0000_2$

となります．ここで演算結果の $1101\ 1010\ 1100\ 0000_2$ は2の補数表現では -9536_{10} を意味します．

1-3 基本論理回路（NOT, AND, OR）

キーポイント

　この後の章で，数学的な体系としての論理値やさまざまな論理関数などの論理演算について学びます．このような論理演算を，電子回路により実現したのが論理回路です．論理回路は，単純で小規模なものから，究極はコンピュータのような非常に複雑で大規模なものまでさまざまな規模のものが存在しますが，それらはすべて三つの基本論理演算を実現する単純な基本論理回路を組み合わせて実現できます．すなわち基本論理回路は NOT，AND，OR 回路（ゲート）の3種類しかありません．現在の実用的なコンピュータは，たとえどんなに大規模で複雑なものであっても，この三つの基本論理回路の組合せでできています．この節では，基本論理回路の働きについて簡単に説明します．

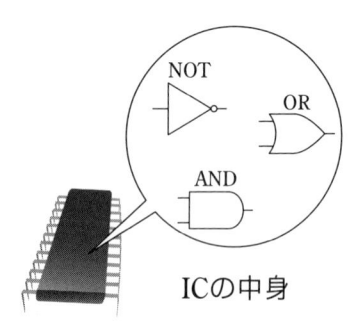

ICの中身

1　電圧による論理値の表現

(1) 正論理と負論理

　1-1節において，論理値（ディジタル値）は0または1の二つの値のみをもつことを説明しました．したがって，電子回路で論理値を表現するには，電気的な二つの状態を用いればよいことになります．本書では現在一般的に採用されている電圧の低（LOW）と高（HIGH）により論理値を表現することとします．また具体的な電圧値としては，特に断らない限り0Vと5Vを採用します．

　LOW（0V）と HIGH（5V）で，ディジタル値の0（偽）と1（真）を表現する場合，電圧と論理値の対応の仕方として，次の2通りの方法が考えられます．

　すなわち，
　(1)　LOW を論理値の0に，HIGH を1に対応させる
　(2)　LOW を論理値の1に，HIGH を0に対応させる
です．(1)の方法を**正論理**，(2)を**負論理**といいます．どちらを採用しても，同様に論理回路は実現可能です．感覚的には正論理のほうが馴染みますが，用いる回

路素子や用途によっては，負論理のほうが都合のよい場合もありますので，一概にどちらが一般的ともいえません．

論理値と電圧値の関係を**表1・5**にまとめました．また論理回路がどちらの論理を採用しているかで，同じ回路でも論理の解釈が全く異なりますので，正・負論理の別は明確に表記しておく必要があります．以降の説明では，基本的に正論理を前提として説明します．

表1・5 ■ 正論理と負論理

論理値	電　圧	
	正論理	負論理
0(偽)	LOW(0V)	HIGH(5V)
1(真)	HIGH(5V)	LOW(0V)

2 基本ゲート

(1) 基本論理演算と基本論理ゲート

以降の章では，数学的な体系としての論理値やさまざまな論理関数などの論理演算について学びます．このような論理演算を電子回路で実現するのが，論理回路です．特に入力数が1〜2程度で，出力が一つの基本的な論理回路を論理ゲートと呼びます．本書では以後，このような回路をゲートと呼びます．

基本論理演算には，単項演算（一つの論理値に対する演算）としてNOT，二項演算（二つの論理値に対する演算）としてANDとORの三つしかありません．ほかの複雑な論理演算は，これらの組合せで記述できます．同様に，これらの演算を実現する論理ゲートである基本論理ゲートもNOT，AND，ORの3種類があります．本節ではこれらの基本論理ゲートを紹介します．

(2) NOT (ノット) ゲート

論理変数AのNOT演算を本書で$\overline{A}$と表現し，次式のように表します．

$$Z = \overline{A} \tag{1・1}$$

式 (1・1) において，Aが0と1の場合の演算結果を**表1・6**に示します．このような表を真理値表といいます．

表1・6 ■ $Z=\overline{A}$の真理値表

A	Z
0	1
1	0

表1・6によるとAの値の0と1を反転した値が，演算結果Zになります．NOT演算を実現す

る論理回路を NOT ゲートといいます．

　NOT ゲートは，回路図上では**図 1・15** の記号が用いられます．図では(a)と(b)の 2 通りの記号を示しています．どちらも全く同じ回路ですが，用途によって記号を使い分けます．特に区別の必要がない場合は，図(a)が用いられます．図の左の A 端子が入力で，演算結果の Z が右側の出力端子に現れます．**表 1・7** に NOT ゲートの入力電圧と出力電圧の関係を示します．正論理か負論理かが決まれば，この表は真理値表と同じことを意味していますので，以降のゲートの説明では正論理を前提として，このような表は省略します．

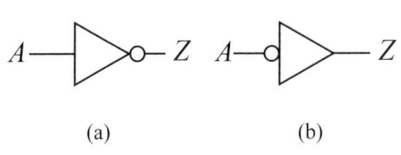

(a)　　　(b)

図 1・15 NOTゲートの記号

表 1・7 NOTゲートの入力と出力の関係

入力 A	出力 Z
LOW(0V)	HIGH(5V)
HIGH(5V)	LOW(0V)

(3) AND (アンド) ゲート

　AND の演算子として本書では「・」を用います．A と B の AND 演算結果を Z とすると，次式で表されます．

$$Z = A \cdot B \tag{1・2}$$

　式 (1・2) の真理値表ならびに AND ゲート記号を，**表 1・8** および**図 1・16** に示します．AND 演算は，A と B が「両方とも 1 のときに結果が 1，それ以外の場合は 0」となる演算です．言い換えれば「少なくともどちらかが 0 のとき，結果が 0 となる」ともいえます．

表 1・8 $Z=A \cdot B$ の真理値表

A	B	Z
0	0	0
0	1	0
1	0	0
1	1	1

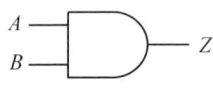

図 1・16 ANDゲート

(4) OR (オア) ゲート

　OR の演算子として本書では「＋」を用います．A と B の OR 演算結果を Z とすると，次式で表されます．

$$Z = A + B \tag{1・3}$$

式（1·3）の真理値表ならびに OR ゲート記号を，**表1·9** および **図1·17** に示します．OR 演算は，A と B が「少なくともどちらかが1のとき，結果が1」となる演算です．また言い換えれば「両方とも0のときに結果が0，それ以外の場合は1」ともいえます．

表1·9 ■ $Z=A+B$の真理値表

A	B	Z
0	0	0
0	1	1
1	0	1
1	1	1

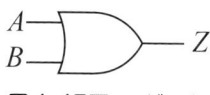

図1·17■ORゲート

（5） その他のゲート

基本論理ゲートは以上の3種類です．その他の論理回路はすべてこれらの組合せにより実現できます．しかしながら，よく用いられるいくつかの代表的な論理回路には，特別にゲート記号と名称が用意されているものがあります．図1·18に代表的な，その他の論理ゲートを簡単に紹介しておきます．

| ゲート記号 | 論理式 | 真理値表 |

 $Z = \overline{A}\cdot B + A\cdot\overline{B}$

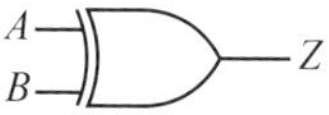

A	B	Z
0	0	0
0	1	1
1	0	1
1	1	0

(a) 排他的論理和，またはEX-OR (EXCLUSIVE OR)ゲート

A	B	Z
0	0	1
0	1	1
1	0	1
1	1	0

(b) 否定論理積，またはNANDゲート

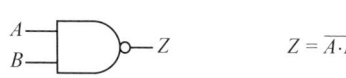

A	B	Z
0	0	1
0	1	0
1	0	0
1	1	0

(c) 否定論理和，またはNORゲート

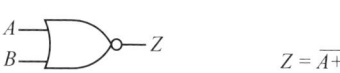

図1·18■その他の代表的な論理演算ならびにゲート記号

論理演算を実現するための電子回路が論理回路です.

論理回路のうち,特に入力数が 1 〜 2 程度で,出力が一つのものを論理ゲートと呼びます.

基本論理演算には NOT,AND,OR の 3 種類があります.

この 3 種類の基本論理演算を実現する電子回路が基本論理ゲートです.

基本論理ゲートのほかに,よく使われるために,特別に記号と名称が与えられている論理ゲートが何種類かあります.

例題 3

正論理の AND ゲートを負論理で使うと OR ゲートとなること,またその逆も成り立つことを,真理値表を作成して確認しなさい.

A	B	Z
0	0	0
0	1	0
1	0	0
1	1	1

AND の
真理値表

⇒

A	B	Z
1	1	1
1	0	1
0	1	1
0	0	0

1 と 0 を
入れ替える

⇒

A	B	Z
0	0	0
0	1	1
1	0	1
1	1	1

並べ替えると
OR の真理値
表になる

A	B	Z
0	0	0
0	1	1
1	0	1
1	1	1

OR の
真理値表

⇒

A	B	Z
1	1	1
1	0	0
0	1	0
0	0	0

1 と 0 を
入れ替える

⇒

A	B	Z
0	0	0
0	1	0
1	0	0
1	1	1

並べ替えると
AND の真理値
表になる

1-4 ディジタルIC（CMOS）

キーポイント

前節において，基本論理演算ならびにそれを電子回路として実現するための論理回路や論理ゲートの概要を学びました．

本節では，論理ゲートの具体的な構造の概要を説明します．

論理ゲートを構成するために，古くは真空管や電磁リレーなど，さまざまな素子が用いられてきました．本節では，現在最も一般的に用いられているCMOSを用いた論理ゲートに絞って説明します．

論理ゲートや論理回路は，半導体メーカからICやLSIの形で提供されていて，これらを組み合わせて論理回路は作成されます．代表的なICやLSIの例も紹介します．

1 CMOS

ディジタル回路では0か1の二つの値を扱えればよいので，半導体素子をスイッチとして用いて，これらのOFFとONをディジタル信号の0と1に対応させます．現在ではディジタル素子として主にCMOS素子が用いられています．以下に，CMOS素子の動作原理の概要を示します．

（1） n-MOSFETとp-MOSFET

図1・19において，n-MOSFETは，nチャネル（n-channel）MOSFETと呼ばれる半導体素子です（以下n-MOSと記します）．またLEDは，A（Anode）端子からC（Cathode）端子に向かって電流が流れると発光するダイオードの一種です．図1・19ではn-MOSの一例として2SK1062を用いています．

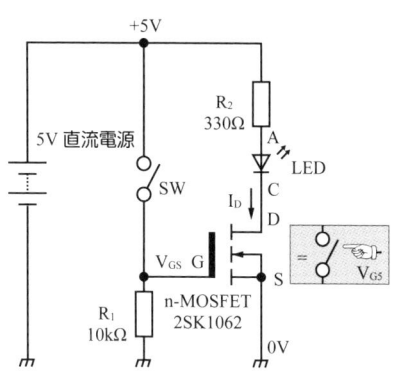

図1・19 n-MOSFETのテスト回路

補足 →「CMOS」：Complementary Metal-Oxide-Semiconductor
「MOSFET」：Metal-Oxide-Semiconductor Field-Effect-Transistor
「LED」：Light Emitting Diode

図1·19の回路において，スイッチSWがOFFのときn-MOSのゲート[※]：G端子の電圧V_{GS}は，抵抗R_1により0Vに保たれ（このように抵抗を接続することをプルダウンといい，抵抗R_1をプルダウン抵抗といいます．逆に＋5V側に接続する場合はプルアップといいます），この状態ではLEDには電流が流れないため点灯しません．ここでSWをONにするとG端子にはSWを通じて＋5Vの電圧が印加されます．このときLEDを通してn-MOSのドレイン（D）からソース（S）に電流が流れLEDが点灯します．このことから，n-MOSはV_{GS}（の0Vまたは＋5V）によりOFFとONを切換えることができるスイッチとして機能しており，LEDを負荷としてON/OFFの制御ができることがわかります．なおn-MOSのG端子の抵抗値は非常に大きいので，G端子には電流はほとんど流れません．この例ではV_{GS}は0Vまたは＋5Vとしましたが，これらの間の中途半端な電圧の場合については，n-MOSのアナログ的な動作領域となるので，本書では扱いません．

　一方，**図1·20**の回路は図1·19と似ていますが，電源の極性およびLEDの方向が逆で，またn-MOSの代わりにp-MOSFETが用いられています．p-MOSFETは，pチャネル（p-channel）MOSFETです（以下p-MOSと記します）．図1·20ではp-MOSの一例として2SJ168を用いています．図1·20も，図1·19と同様にSWのON/OFFによりLEDを点滅させることができます．ただし，電源の極性が逆であるためV_{GS}は0または－5Vであることに注意してください．

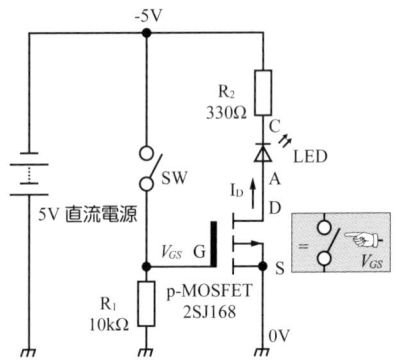

図1·20 p-MOSFETのテスト回路

※基本論理回路の「ゲート」とは別です

このようにn-MOSとp-MOSは，互いに電源の極性が逆のとき，同様に動作します．このような関係を相補的またはコンプリメンタリ（complementary）といいます．

（2）　CMOS NOTゲート

　前項でn-MOSとp-MOSが相補的であり，互いに逆の電圧で動作することを説明しました．ここで，図1・19および図1・20において，負荷のLED（および抵抗R_2）を取り除き，互いのMOSFETを負荷として**図1・21**(a)のように接続します．このような回路構成をCMOS回路（ゲート）といいます．

　この回路の入力端子Aに0Vを印加すると，図1・19および図1・20の結果から，図1・21(b)のようにn-MOSはOFF，p-MOSはON状態になることがわかります．したがって，出力端子Zには，電源電圧V_{DD}の+5Vが出力されることになります．一方，Aに+5Vを印加すると，図(c)のようにn-MOSはON，p-MOSはOFFとなり，ZにはGND電圧の0Vが出力されます．ここで，0Vを論理値の0，+5Vを論理値の1に対応させると（前節「正論理」を参照），図(d)のような真理値表となり（負論理でも結果は同じですが），この回路は入力を反転するNOTゲート（インバータともいいます）として機能します．図(e)にNOTゲートの回路記号を示します．

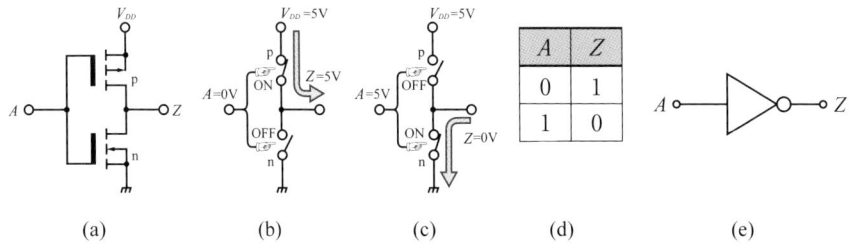

図1・21 CMOS NOTゲート

　図1・21の回路では，入力が0Vおよび+5Vのどちらの場合も，pまたはnのどちらかのMOSFETが必ずOFFとなるため，定常的には，このゲート自体は電力をほとんど消費しません．また2個の相補的なMOSFETだけでNOTゲートを構成することができます．このようにCMOSゲートは，消費電力が小さく，回路構成が簡単なため，後述の集積回路化した場合の集積度を大きくすることが容易であるといった特徴があります．

補足➡「CMOS」：Complementary MOS

(3) NANDおよびNORゲート

図1·22(a)のように，n-MOSおよびp-MOS各2個を接続したとき，入力端子 A, B に0Vおよび+5Vを印加すると，さきほどのNOTゲートの場合と同様に各MOSトランジスタがONまたはOFF状態となり，図(b)の真理値表が得られます．図1·19および図1·20で示したp-MOSおよびn-MOSの動作から，この真理値表が得られることを確認してみてください．この真理値表は，前節で紹介した，入力がともに1以外のときに1を出力するNANDゲートのものであり，図1·22(a)の回路は，図(c)のシンボルで示されるNANDゲートとして機能します．

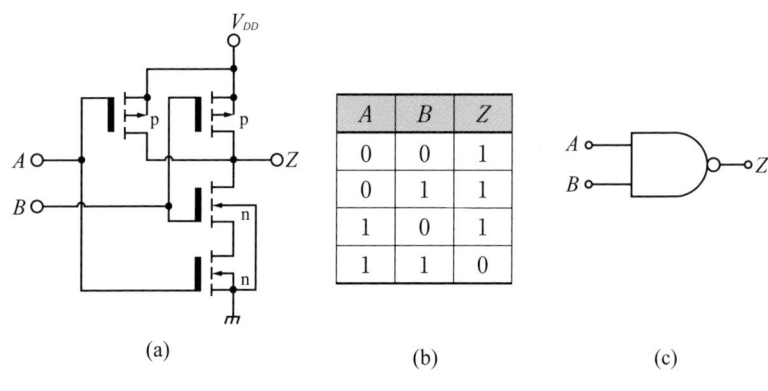

図1·22 CMOS NANDゲート

さらに図1·23(a)のように，n-MOSおよびp-MOS各2個を接続し，入力端子 A, B に0Vおよび+5Vを印加すると，図(b)の真理値表が得られます．この真理値表は，NORゲートのものと同じであり，図(a)の回路は，図(c)のシンボルで示されるNORゲートとして機能することがわかります．

図 1・23■CMOS NORゲート

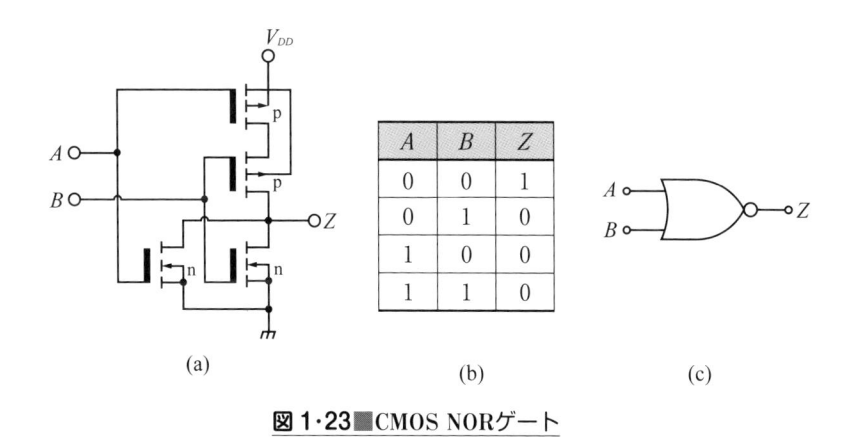

　前節において，基本論理ゲートとしてNOT，AND，ORを紹介しましたが，実はCMOS回路では，ANDまたはORゲートよりも，むしろNANDまたはNORゲートのほうが，より少ないMOSFETにより容易に構成することができます．また，後の章で述べるように，NANDおよびNORゲートには万能性があり，すべてのディジタル回路はNANDまたはNORゲートのどちらか1種類のゲートのみの組合せで構成することができます．

　一般にCMOS回路は図 1・24のようにp-MOSによるネットワークとn-MOSによるネットワークを直列にした構成となっており，(2) NOTゲートで述べたように，定常状態での消費電力が非常に小さく，IC化したときの集積度を大きくできる特徴があります．

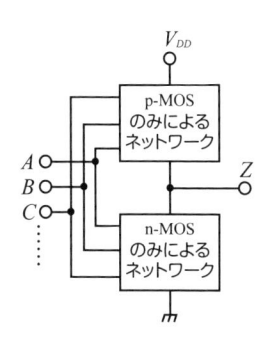

図 1・24■CMOS回路の一般形

2　CMOS IC

　CMOSゲートを使って具体的なディジタル回路を作製する場合，個々のp-MOSやn-MOSを組み合わせてゲートを作ることは，まずありません．通常はシリーズ化されたSSI（小規模IC，おおむね100素子以下）やMSI（中規模IC，100～1 000素子程度）などの比較的低い集積度の汎用ロジックIC（集積回路）

補足⇒「SSI」：Small Scale Integrated,「MSI」：Middle Scale Integrated,「IC」：Integrated Circuit,「LSI」：Large Scale Integrated,「VLSI」：Very Large Scale Integrated

や，LSI（大規模IC，1 000素子以上）を組み合わせて作製します．ここでは，現在一般的に入手可能なICのシリーズやLSIについて紹介します．なお，LSIの集積度は年々大きくなっており，現在ではVLSI（超大規模IC）や，ULSI（超々大規模IC）といったものまで現れています．

（1） 74HCシリーズ

本来の74シリーズ汎用ロジックICは，TTLと呼ばれる論理素子（本書では触れません）によるSSI～MSIのシリーズ名でした．そしてCMOS ICのシリーズとしては，全く別の系統の4000/4500シリーズがありますが，74シリーズが広く普及したために，これと互換性をもたせたCMOS ICのシリーズとして74HCシリーズが用意され，現在も広く普及しています．74HCシリーズでは，NAND，NOT，AND，ORのような基本ゲートから，フリップフロップ，カウンタ，メモリ，ALU（論理演算装置）といった小～中規模の集積度の論理回路が提供されています．図1・25に74HCシリーズICの一例を示します．同図の外観はDIPパッケージと呼ばれるもので，趣味等で電子工作を行う場合に扱いやすいのでよく使われていますが，どうしても外形が大きくなってしまうので，製品などで用いる場合にはSOPなどのピン間隔の狭いものが用いられます．

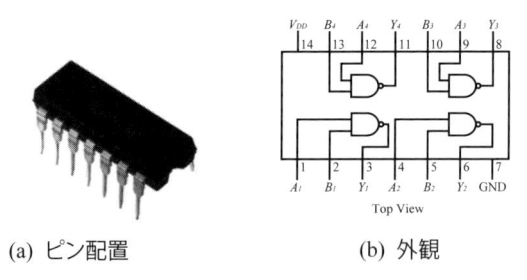

(a) ピン配置　　　　(b) 外観

図1・25　74HCシリーズ汎用ICの一例（74HC00）（Webからの転載）

（2） LSI

上記の74HCシリーズのような，小規模で単機能のICはさまざまな用途に使えますが，LSIのように集積度が上がり，高機能化すればするほど特定用途向けとなり，汎用性が失われていきます．一般に半導体素子は，同じものを大量に製造することで単価を劇的に安くすることができますが，汎用性の低い専用LSIを大量に生産しても需要がありません．このため用途や生産量に応じた種々のLSIが作られています．ここでは，ごく簡単に分類を紹介しておきます．

補足⇒ 「ULSI」:Ultra Large Scale Integrated,「TTL」:Transistor Transistor Logic,「ALU」:Arithmetic and Logic Unit,「DIP」:Dual Inline Package,「SOP」:Small Outline Package

- 汎用 LSI

マイコン（CPU）やメモリ，周辺 LSI など，広い用途で共通に使うことができる LSI で，汎用性が高いために大量生産が可能です．このため，汎用的な用途での性能は優れていますが，特定の用途で使おうとしたときに，不要な機能や，逆に不足する機能があるなど，目的に対して機能の過不足が生じがちです．

- 専用 LSI

特定用途専用に作製する LSI で，大きく分けてフルカスタムとセミカスタムがあります．フルカスタムは，その用途に最適化した設計ができるため，最高の性能が得られますが，大量生産に向かない用途では，単価が非常に高くなります．セミカスタムは，LSI の製造工程で時間とコストがかかる共通部分を半導体メーカがあらかじめ大量生産しておき，顧客の要望に応じて配線部分を作製するもので，フルカスタムに比べれば若干性能は劣りますが，コストを下げることができます．

- プログラマブル LSI

あたかもプログラムを書き込むように，LSI 上に論理回路データを電気的に書き込み，任意の論理回路を作製することができるようにした LSI で，CPLD や FPGA などがあります．以前は性能や集積度では専用 LSI よりも不利で，また大量生産には向かないといわれており，試作や少量生産用として発達しました．しかし現在では，大規模なものが安価に供給されるようになり，商用の商品にも用いられるようになった注目の LSI です．

- ハードウェア記述言語（HDL）

LSI の設計では，かつては論理ゲートレベルで配線図に相当する半導体上のパターンを作成していましたが，回路規模が大きくなるに従いこのような方法は限界となってきました．現在では，大規模な論理回路の設計は，必要な機能を一種のプログラム言語で記述して設計する手法が用いられます．このために用いる言語を HDL（ハードウェア記述言語）といいます．HDL については 6 章で説明します．

3 コンピュータの構成

製造技術の進歩により IC の集積度は年々大規模化しています．おかげで現在のようにコンピュータが手軽に使える時代になりました．コンピュータのハード

補足➡「CPLD」：Complex Programmable Logic Device，「FPGA」：Field Programmable Gate Array，「HDL」：Hardware Description Language，「CPU」：Central Processing Unit

ウェアは，CPU やメモリ，周辺回路用の種々の LSI や，補助的な回路に用いられている SSI，MSI など，これまでに紹介してきた論理ゲートを，膨大な数で組み合わせて構成した，大規模な論理回路にほかなりません．

現在のコンピュータは非常に複雑な構造をしていますが，個々の構成要素はこれまで見てきたような非常に単純な原理で動いています．したがって，根気よく追いかけていけばコンピュータの仕組みを理解することができます．

以降の章では，コンピュータの構成要素である，論理回路の設計方法についての基礎的な学習を進めていきます．本書では，大規模なコンピュータシステムについて詳しく述べることはしませんが，興味が湧いてきたなら，本書で得た知識をもとに，さらに進んだ学習に挑戦してください．

まとめ

現在主流の論理素子は CMOS 素子で，これは p-MOS と n-MOS を組み合わせて作製されます．

論理素子は，通常 IC の形で供給され，集積度の低いほうから SSI，MSI，LSI，VLSI，ULSI などに分類されます．

LSI には，共通の用途に使用できる汎用 LSI，特定用途向けに設計された専用 LSI，任意の論理回路を後から書き込むことができるプログラマブル LSI などがあります．

LSI のような大規模な論理回路の設計には，HDL といった一種のプログラミング言語が用いられます．

コンピュータは，単純な機能の論理ゲートを膨大な数だけ組み合わせた大規模な論理回路です．

例題 4

図 1·22(a) および図 1·23(a) に示した CMOS NAND ゲートおよび NOR ゲートにおいて，入力 A, B がそれぞれ 0V または 5V の 4 通りの場合について，各 MOSFET の ON/OFF の状態から，図 1·22(b) および 1·23(b) の真理値表が得られることを確認しなさい．

解答

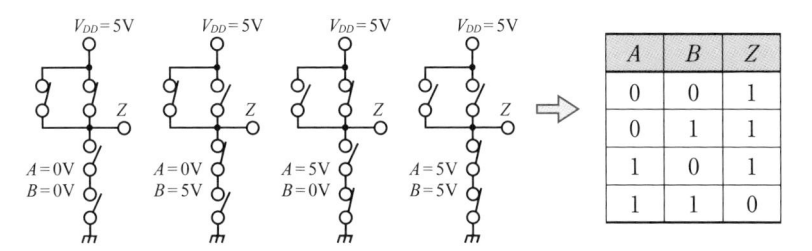

A	B	Z
0	0	1
0	1	1
1	0	1
1	1	0

CMOS NAND ゲート

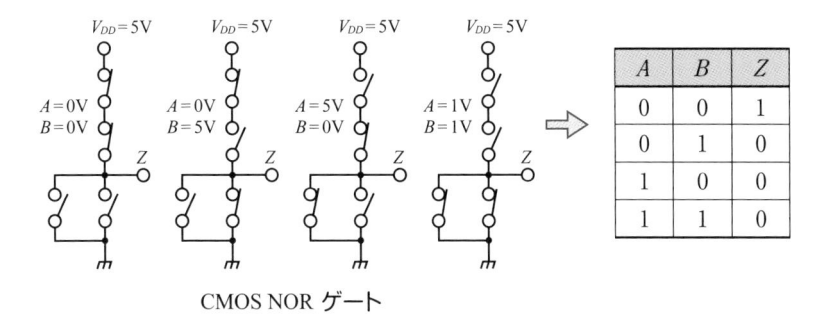

A	B	Z
0	0	1
0	1	0
1	0	0
1	1	0

CMOS NOR ゲート

練習問題

① 0〜10Vの範囲の電圧を12bitの分解能でディジタル値に変換するA-D変換を用いて，直流電圧を変換した結果，得られたディジタル値が512であった．この直流電圧〔V〕はいくらか求めなさい．ただし，量子化誤差は無視する．

② 0，1，2，……，14，15，0，1，2，……のように，0〜15の範囲の16個のディジタル値を，0.1ms間隔で繰り返しD-A変換器に入力し続けたところ，下図のような鋸波状の出力波形が得られた．この出力波形の周波数〔Hz〕を求めなさい．

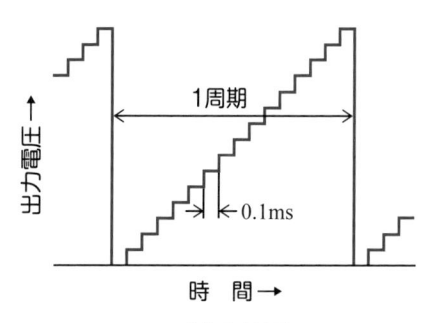

D-A変換出力波形
(ローパスフィルタは省略)

③ 次表は，行ごとに同じ数値をそれぞれ10進，2進，16進数で表したものである．空欄を埋めて表を完成させなさい．

10進数	2進数	16進数
0.25		
	0.1	
		0.C

10進数	2進数	16進数
9		
	1100	
		F

④ 10進数 -16_{10} を，2進数8けたの2の補数表現で表しなさい．

⑤ A と B の排他的論理和 Z は，$Z = \overline{A} \cdot B + A \cdot \overline{B}$ で表される．この排他的論理和を表す論理回路を NOT，AND，OR の基本ゲートを組み合わせて作成しなさい．

⑥ 下図のような 3 入力 NAND ゲートを，図 1.22 (a) を参考にして，p-MOS および n-MOS をそれぞれ 3 個ずつ用いて作成しなさい．

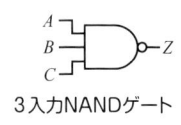

3入力NANDゲート

真理値表

A	B	C	Z
0	0	0	1
0	0	1	1
0	1	0	1
0	1	1	1
1	0	0	1
1	0	1	1
1	1	0	1
1	1	1	0

2章

集合と論理

　ディジタル回路では基本的に「0」と「1」の二つの状態を扱う2進数を用いますが，論理的に行う計算，回路の簡略化，命題の「真」と「偽」を判定する場合には，本章で学ぶ集合の考え方や計算方法を利用するととても便利です．式，図や表を使って論理計算するために必要な基本知識を習得する必要があります．

　本章では集合の概念，ブール代数，真理値表の記述方法を解説します．本章以降の組合せ論理回路や順序回路でも活用する方法ですので，各キーワードの習得と計算の展開方法はそれぞれの演習で身につけてください．

2-1　集合と要素

2-2　ブール代数，真理値表と論理式

2-3　ド・モルガンの定理

2-1 集合と要素

キーポイント

本章では，集合について理解を深め，論理的命題をブール代数やベン図を活用して論理式に展開すること学びます．それぞれの用語の意味や関連性，公式を理解して，次章以降の組合せ論理回路や順序回路の課題を的確に解けるようにしましょう．

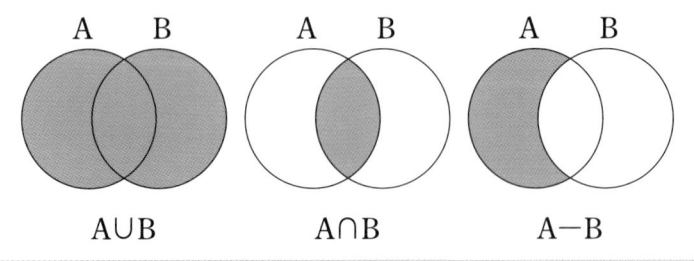

A∪B　　A∩B　　A−B

1 集合

集合とは，その中に含まれる要素の集まりを意味します．たとえば，集合 A に属する要素を a, e, i, o, u とすると

$A = \{a, e, i, o, u\}$

と示されます．

また，この要素 x の性質を論述的に表現すると

$A = \{x \mid x$ はアルファベットの母音小文字$\}$

とも記述されます．

要素 a が集合 A に属するときは

$a \in A$

と示され，要素 b が集合 A に属さないときは

$b \notin A$

のように表します．

演算を表す記号とその演算の意味を，**表 2・1** に示します．

表2·1■集合演算記号

記号	演算の意味	演算例
∪	和集合	$A \cup B$: 集合 A と集合 B の和
∩	積集合	$A \cap B$: 集合 A と集合 B の積
−	差	$A - B$: 集合 A と集合 B の差
^{c}	補集合	A^c: 集合 A に含まれない要素の集まり

2 ベン図

ベン図とは，イギリスの数学者である John Venn が考え出した集合の関係を視覚的にわかりやすく図で理解する方法です．図中の網掛け部が演算結果を意味する領域として描かれます．

(1) 和集合

集合 A と集合 B の和集合である $A \cup B$ をベン図で描くと図2·1になります．つまり，和集合は集合 A を意味する円の内部と集合 B を意味する円の内部を含む両方の網掛け部の領域になります．

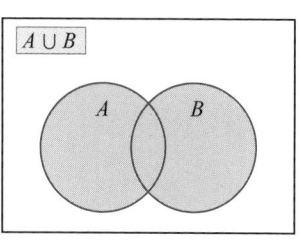

図2·1■和集合

(2) 積集合

集合 A と集合 B の積集合である $A \cap B$ をベン図で描くと，図2·2になります．積集合は集合 A を意味する円と集合 B を意味する円の重なり部分を意味する網掛け領域が含まれます．

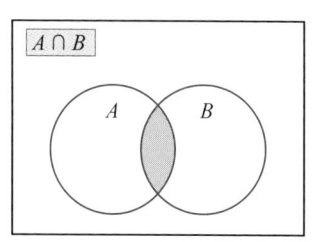

図2·2■積集合

(3) 差集合

集合 A に含まれる要素から集合 B の要素を除いた集合となります．差集合 $A - B$ をベン図で描くと，図2·3になります．つまり，差集合は集合 A の部分を示す円の領域から集合 B の円との重なり部分を除いた領域を意味する網掛け部分になります．

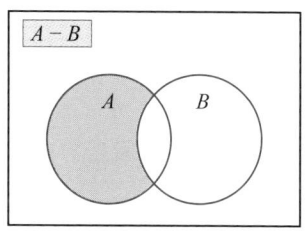

図2·3■差集合

（4） 補 集 合

集合 A の補集合である A^c をベン図で描くと，**図2・4**になります．補集合は全体の領域から集合 A が含まれる部分を示す円を除いた部分を意味し，A の円の枠外として網掛け部分になります．

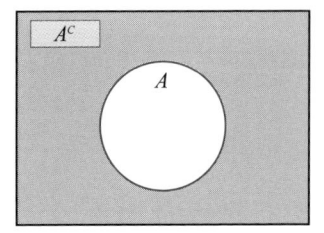

図2・4■補集合

3 ベン図による集合の演算

例題 1

集合 $A = \{1, 2, 3, 4, 5\}$ と集合 $B = \{4, 5, 6, 7, 8\}$ のとき，和集合，積集合をベン図を用いて表しなさい．

解答

和集合

集合 $A = \{1, 2, 3, 4, 5\}$ と集合 $B = \{4, 5, 6, 7, 8\}$ の和集合は

$$A \cup B = \{1, 2, 3, 4, 5, 6, 7, 8\}$$

となります．

ベン図では，右図となり，$A \cup B$ は，集合 A と集合 B および両者の重なる部分すべてを含んだ網掛け部分が含まれます．

積集合

集合 $A = \{1, 2, 3, 4, 5\}$ と集合 $B = \{4, 5, 6, 7, 8\}$ の積集合は

$$A \cap B = \{4, 5\}$$

となります．

ベン図では，右図となり，$A \cap B$ は，集合 A と集合 B の重なる網掛けの部分になります．

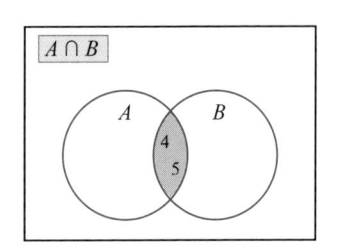

例題 2

全体集合 $I = \{x | x$ はアルファベットの母音小文字$\}$、集合 $A = \{a, i, u\}$ とする時の、A の補集合 A^C を求めなさい.

解答 全体集合 $I = \{x | x$ はアルファベットの母音小文字$\} = \{x | a, e, i, o, u\}$ ですから、A の補集合 $A^C = I - A = \{x | a, i, u$ 以外のアルファベットの母音小文字$\} = \{e, o\}$ となります.

ベン図で表すと下図のように表現でき、集合 A 以外の外側の網掛け部分になります.

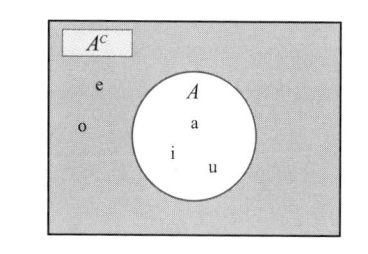

例題 3

次の論述的表現より、すべての要素を導き出しなさい.
$A = \{x | x$ は英語で r が含まれる月の数字$\}$
また、ベン図を用いて例題の解を求めよ.

解答 $A = \{x | 1, 2, 3, 4, 9, 10, 11, 12\}$ ですので、右図のようになります.

ベン図では、$A = \{x | 1, 2, 3, 4, 9, 10, 11, 12\}$ であり、$A^C = \{5, 6, 7, 8\}$ と表せます.

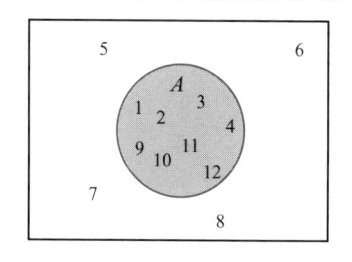

> 通常、集合は英大文字で表され、要素は英小文字で表現されるのじゃ.

まとめ

集合論における演算を考えるとき、ベン図を用いて表現すると視覚的に認識ができるようになり、理解が容易になります. ベン図の作成を通じて、集合論をわかりやすく図化することに努めましょう.

2-2 ブール代数, 真理値表と論理式

キーポイント

二つの状態だけで表現する2値論理は,ド・モルガンやブールらによって論理代数として基本法則がまとめられました. ここでは, 真理値表やベン図の作成を通じて, 視覚的にブール代数を理解する方法を習得します. 数学的ブール代数を直感的に理解することで, 命題を正確にディジタル回路へ変換できるようになります.

1 命題

命題とは, 論理学で「真(正しい)」または「偽(誤り)」のどちらかの表現で判定できる文章や式を意味しています. たとえば, 「人間は動物である」や「アメリカの独立記念日は7月4日である」は, 「真」か「偽」が判断できるので, 命題と定義できます. 一方, 「猫は大人しい」や「テレビ番組は面白い」などは, 個人の主観的な価値観が判断に影響するので, 命題とはいえません.

高校野球の試合結果を考えてみましょう. 「県大会決勝戦でオーム高等学校野球部が勝利した」という命題を考えてみましょう. この命題を A と表記すると「勝利」=「真」であり, 「敗退」=「偽」ということになります. この関係を表と式で表すと, **表2・2**のようになります.

表2・2 命題の関係表現

結　果	命題の真偽	表現式
勝利	真	$A=1$ (A)
敗退	偽	$A=0$ ($\bar{A}$)

2 ブール代数

(1) ブール代数の基本公理

ブール代数とは, イギリスの数学者 George Boole が考え出した「0」と「1」の2値で示される論理を基にした代数です. ブール代数の基本演算には1章で学

習した基本論理回路に対応する否定（NOT），論理和（OR），論理積（AND）があります．演算子は，2入力変数 A，B に対して**表 2・3**に示すように表されます．

表 2・3 ■基本演算

基本演算	演算子	論理式	演算例
否定（NOT）	‾	$\bar{A}$	$\bar{0}=1,\ \bar{1}=0$
論理和（OR）	＋	$A+B$	$0+0=0,\ 0+1=1,\ 1+0=1,\ 1+1=1$
論理積（AND）	・	$A \cdot B$	$0 \cdot 0=0,\ 0 \cdot 1=0,\ 1 \cdot 0=0,\ 1 \cdot 1=1$

（2）ブール代数の基本定理

集合の要素が2値（「0」または「1」）であることから，通常の代数とは異なる演算になっています．2値に基礎をおく演算としてブール代数を考えると，基本演算より導かれるブール代数の基本定理には**表 2・4**に示すような演算則が成り立ちます．

> 先の和集合および積集合で出てきた記号∪および∩は，ブール代数では「＋」および「・」で表記するのじゃ．

表 2・4 ■ブール代数の基本定理

法　則	演　算
べき等則	$A+A=A,\ \ A \cdot A=A$
交換則	$A+B=B+A,\ \ A \cdot B=B \cdot A$
結合則	$(A+B)+C=A+(B+C),\ \ (A \cdot B) \cdot C=A \cdot (B \cdot C)$
分配則	$A \cdot (B+C)=A \cdot B+A \cdot C,\ \ A+B \cdot C=(A+B) \cdot (A+C)$
吸収則	$A+A \cdot B=A,\ \ A \cdot (A+B)=A$
相補則（補元則）	$A \cdot \bar{A}=0,\ \ A+\bar{A}=1$
二重否定	$\bar{\bar{A}}=A$
その他	$A+0=A,\ \ A \cdot 1=A,\ A+1=1,\ \ A \cdot 0=0$ $A+\bar{A} \cdot B=A+B,\ \ A \cdot (\bar{A}+B)=A \cdot B$

> 論理積の演算記号「・」は，通常の代数の乗算のように省略することもできます．

例題 4

表 2・4 に示したその他の定理 $A+\overline{A}\cdot B = A+B$, $A\cdot(\overline{A}+B) = A\cdot B$ を証明しなさい．

解答

$A+\overline{A}\cdot B = A\cdot(1+B)+\overline{A}\cdot B = A+A\cdot B+\overline{A}\cdot B = A+(A+\overline{A})\cdot B = A+B$

2項目で $(1+B)$ を乗じているのは，$(1+B)=1$ であるためです．

$A\cdot(\overline{A}+B) = A\cdot\overline{A}+A\cdot B = A\cdot B$

よって証明ができました．

3 真理値表

考えられる入力の組合せに対して，与えられた論理式や論理回路に対応する出力の関係を表としてまとめたものが，真理値表です．表の左側の列に入力情報を記入し，その入力行に対応した出力情報を右側の列に記入します．

簡単な多数決の問題で考えてみましょう．正君，真理さん，論君の3人の多数決の結果を表現する真理値表を作ります．それぞれ人の意見が賛成の場合は「1」，反対の場合は「0」とします．また，多数決の結果は賛同が得られた場合（2人以上の賛成の場合）は「1」，否決された場合（0人または1人の賛成の場合）は「0」の出力とします（**表 2・5**）．

表 2・5■多数決命題の真理値表

入 力			出 力
正 君	真理さん	論 君	多数決の結果
0	0	0	0
0	0	1	0
0	1	0	0
0	1	1	1
1	0	0	0
1	0	1	1
1	1	0	1
1	1	1	1

このように，ある命題について，それぞれの場合ごとに結果を表記する方法として真理値表の作成があります．真理値表は，以下の手順に従って行うともれなく作成できます．

(1) 与えられた命題を正しく理解する
(2) 考えられる入力の組合せを列挙する
(3) 命題に対して正しい出力を考察し真理値表を完成させる

例題 5

分配則 $A + B \cdot C = (A + B) \cdot (A + C)$ について，真理値表を作成して証明しなさい．

解答 分配則左辺の演算結果および右辺の演算結果を真理値表で表すと下表のようになります．右辺および左辺の結果を照合するとすべて同じ結果が得られますので，分配則の証明が成立しました．

分配則の $A + B \cdot C = (A + B) \cdot (A + C)$ の真理値表

入力変数			分配則左辺	分配則右辺
A	B	C	$A + B \cdot C$	$(A+B) \cdot (A+C)$
0	0	0	$0 + 0 \cdot 0 = 0$	$(0+0) \cdot (0+0) = 0$
0	0	1	$0 + 0 \cdot 1 = 0$	$(0+0) \cdot (0+1) = 0$
0	1	0	$0 + 1 \cdot 0 = 0$	$(0+1) \cdot (0+0) = 0$
0	1	1	$0 + 1 \cdot 1 = 1$	$(0+1) \cdot (0+1) = 1$
1	0	0	$1 + 0 \cdot 0 = 1$	$(1+0) \cdot (1+0) = 1$
1	0	1	$1 + 0 \cdot 1 = 1$	$(1+0) \cdot (1+1) = 1$
1	1	0	$1 + 1 \cdot 0 = 1$	$(1+1) \cdot (1+0) = 1$
1	1	1	$1 + 1 \cdot 1 = 1$	$(1+1) \cdot (1+1) = 1$

4 論理式

　与えられた命題に従って入力と出力の関係を数式で表現したのが，論理式です．したがって，これまでに学習したブール代数や真理値表を活用して式に変形することで，基本論理回路を用いたディジタル回路を作製することが可能になります．真理値表で考えた課題について論理式を作成してみましょう．

例題 6

　3人による多数決の結果を求めた真理値表から，「1」を出力する場合の論理式の和を求めなさい．

解答

3人による多数決の真理値表

入　力			出　力
正君　A	真理さん　B	諭君　C	多数決の結果　Y
0	0	0	0
0	0	1	0
0	1	0	0
0	1	1	1
1	0	0	0
1	0	1	1
1	1	0	1
1	1	1	1

　正君の入力を A，真理さんの入力を B，諭君の入力を C とした上の真理値表で，一番最初に出力が「1」となる入力状態は，正君「0」，真理さん「1」，諭君「1」の場合です．これを論理式で表現すると $Y=\overline{A}\cdot B\cdot C$ となります．したがって，全体の命題を表記する場合には，出力が「1」の状態のすべての論理和をとって

$$Y=\overline{A}\cdot B\cdot C+A\cdot\overline{B}\cdot C+A\cdot B\cdot\overline{C}+A\cdot B\cdot C$$

となります．

　次に，真理値表の結果を基本論理回路で構成してみましょう．出力結果が，"1" となる入力状態（正君=0，真理さん=1，諭君=1（表2・5の4列目））を考えます．$Y_1=\overline{A}\cdot B\cdot C$ ですから論理回路では，NOT回路，AND回路を組み合わせて図1のようになります．

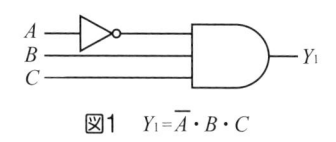

図1　$Y_1 = \overline{A} \cdot B \cdot C$

同様に $Y_2 = A \cdot \overline{B} \cdot C$, $Y_3 = A \cdot B \cdot \overline{C}$, $Y_4 = A \cdot B \cdot C$ は，図2となります．

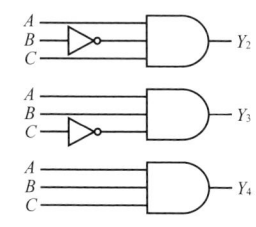

図2　$Y_2 = A \cdot \overline{B} \cdot C$, $Y_3 = A \cdot B \cdot \overline{C}$, $Y_4 = A \cdot B \cdot C$

全体を OR で演算すると多数決を示す回路（図3）になります．

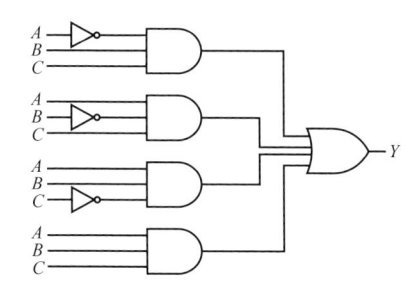

図3　$Y = \overline{A} \cdot B \cdot C + A \cdot \overline{B} \cdot C + A \cdot B \cdot \overline{C} + A \cdot B \cdot C$

2-3 ド・モルガンの定理

キーポイント

ド・モルガンの定理は，論理和（OR）の演算と論理積（AND）の演算をそれぞれ他方の演算に変換できる公式です．論理式の簡略化や回路解析に便利な公式なので，論理式の計算で活用できるように習熟しておくとよいでしょう．ディジタル回路では，同一の基本論理素子（NAND や NOR）のみを使って設計することが経済的であるため，この定理は実際によく利用されています．

表2・6にド・モルガンの定理を示します．この関係式は，感覚的にはわかりにくいので，これまで学んだ方法で証明していきます．

表2・6■ド・モルガンの定理

ド・モルガンの定理	$\overline{(A \cdot B)} = \overline{A} + \overline{B}$	(2・1)
	$\overline{(A + B)} = \overline{A} \cdot \overline{B}$	(2・2)

ド・モルガンの定理を命題の例で考えます．命題 A「成犬」，命題 B「オス」とすると「成犬でオス」の否定 $(\overline{A \cdot B})$ は「子犬かメス」となり，「成犬でない」$(\overline{A})$ か「オスでない」$\overline{B}$ かの和は「子犬」か「メス」である $(\overline{A} + \overline{B})$ となります．

次に，具体的にド・モルガンの定理を考察していきましょう．この演算は，NAND 演算と OR 演算，NOR 演算と AND 演算が相互に変換可能になる定理です（表2・6）．

この定理をこれまで学習した真理値表，ベン図，論理回路で確認します．まずは，真理値表で考えてみます（**表2・7**，**表2・8**）．

表2·7 $\overline{A \cdot B}$ の真理値表

入	力	中間	出 力
A	B	$A \cdot B$	$Y(=\overline{A \cdot B})$
0	0	0	1
0	1	0	1
1	0	0	1
1	1	1	0

表2·8 $\overline{A}+\overline{B}$ の真理値表

入	力	中	間	出 力
A	B	$\overline{A}$	$\overline{B}$	$Y(=\overline{A}+\overline{B})$
0	0	1	1	1
0	1	1	0	1
1	0	0	1	1
1	1	0	0	0

　左辺の真理値表（表2·7）と右辺の真理値表（表2·8）の結果が等しくなりました．真理値表によってド・モルガンの定理が成り立つことがわかりました．

　次にベン図でド・モルガンの定理を検討してみます．表2·6の式（2·1）の左辺を表すベン図は $(\overline{A \cdot B})$ なので，**図2·5** に示すようになります．

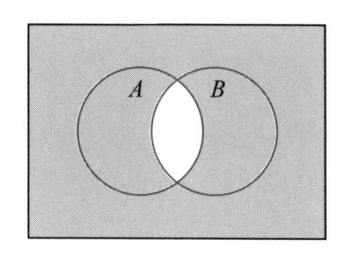

図2·5 $\overline{A \cdot B}$ のベン図

　一方，右辺は $\overline{A}+\overline{B}$ なので，**図2·6** に示すようになります．

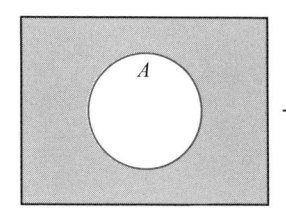

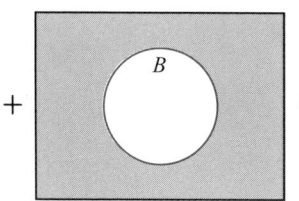

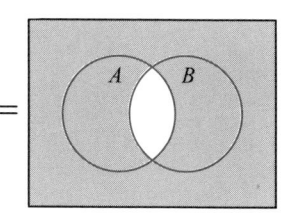

図2·6 $\overline{A}+\overline{B}$ のベン図

　ベン図によって左辺の演算と右辺の演算結果が一致したので，定理が証明されました．この関係を基本論理回路で構成してみます．左辺は $(\overline{A \cdot B})$ なので，単純に NAND 回路（**図2·7**(a)）に相当します．右辺は $\overline{A}+\overline{B}$ なので，図2·7(b) のようになります．

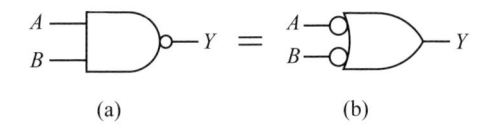

図 2・7 $\overline{A \cdot B}$ 演算回路および $\overline{A} + \overline{B}$ 演算回路

同様に表2・6の式(2・2) $\overline{A+B} = \overline{A} \cdot \overline{B}$ の関係について，論理回路で示すと**図2・8**となります．

図 2・8 $\overline{A+B}$ 演算回路および $\overline{A} \cdot \overline{B}$ 演算回路

上記のド・モルガンの定理は，2入力を対象に考えてきましたが，3入力以上でもこの定理は成り立ちます．

$$\overline{A \cdot B \cdot C \cdot D \cdots} = \overline{A} + \overline{B} + \overline{C} + \overline{D} \cdots \tag{2・3}$$

$$\overline{A + B + C + D + \cdots} = \overline{A} \cdot \overline{B} \cdot \overline{C} \cdot \overline{D} \cdots \tag{2・4}$$

式(2・3)，(2・4)に対応した回路図を**図2・9**に示します．

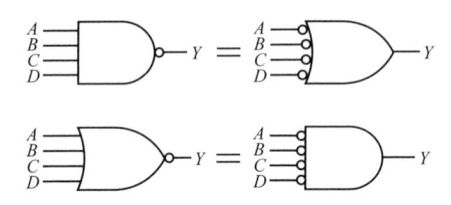

図 2・9 ド・モルガンの拡張型回路図

例題 5

ド・モルガンの定理を用いて次の式を簡略化しなさい．

$$\overline{(A \cdot \overline{B}) \cdot (C \cdot \overline{D})} \qquad \text{(a)}$$

$$\overline{\overline{A} + \overline{B} + \overline{C}} \qquad \text{(b)}$$

解答 式(a)をド・モルガンの定理を用いて展開します．まず，論理積を論理和に変換します．

$$\overline{(A \cdot \overline{B}) \cdot (C \cdot \overline{D})} = \overline{A} + \overline{\overline{B}} + \overline{C} + \overline{\overline{D}}$$

次に，二重否定を簡単化して最終形を求めます．

$$\overline{A} + \overline{\overline{B}} + \overline{C} + \overline{\overline{D}} = \overline{A} + B + \overline{C} + D$$

同様に式(b)の論理積を論理和に変換し，二重否定を簡単化します．

$$\overline{\overline{A} + \overline{B} + \overline{C}} = \overline{\overline{A}} \cdot \overline{\overline{B}} \cdot \overline{\overline{C}} = \overline{A} \cdot B \cdot \overline{C}$$

練習問題

① ド・モルガンの定理 $\overline{A+B} = \overline{A} \cdot \overline{B}$ を真理値表で証明し，ベン図で説明しなさい．

② $(A \cap \overline{B} \cap C) \cup (A \cap B \cap \overline{C})$ の集合を，ベン図を使って表しなさい．

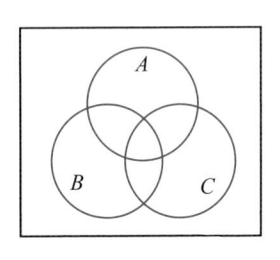

③ 次の式を簡略化しなさい．
 (1) $Y = (\overline{A} + \overline{B})(\overline{A} + B)(A + \overline{B})$
 (2) $Y = A \cdot B + A \cdot \overline{B} + \overline{A} \cdot B + \overline{A} \cdot \overline{B}$
 (3) $Y = (A + B) \cdot (A + \overline{B}) \cdot (\overline{A} + B) \cdot (\overline{A} + \overline{B})$

④ 次式について NAND 素子だけを用いて回路図を設計しなさい．
$$Y = A \cdot B \cdot \overline{C} + A \cdot \overline{B} \cdot \overline{C} + \overline{A} \cdot B \cdot C$$

3章

論 理 関 数

　ディジタル回路は，0と1の値のみを扱う回路です．0と1のみを取り得る値を論理値といいます．ディジタル回路は，論理値を取り扱う回路のため，論理回路とも呼ばれています．ディジタル回路の振舞いは，論理関数で記述されるため，非常に扱いやすいものとなっています．回路を論理関数で表現することで，ブール代数などの数学体系を利用することができ，コンピュータでの扱いもしやすくなるため，回路の解析・設計などが容易に行えるようになっています．ここでは，この論理関数を用いて回路を考えていきます．

3-1　論理関数とは

3-2　主加法標準形と主乗法標準形

3-3　カルノー図による簡単化Ⅰ：2変数の場合

3-4　カルノー図による簡単化Ⅱ：3変数の場合・ドントケア

3-5　カルノー図による簡単化Ⅲ：4変数の場合

3-6　クワイン・マクラスキ法による簡単化

3-1 論理関数とは

> ディジタル回路は平易な数式で表せるため，解析や設計が容易になります．ここでは，回路を数式で表す方法や，基礎的な用語の使い方を見ていきます．

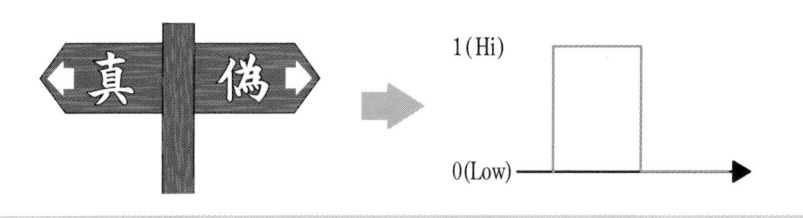

論理変数とは，0または1の値をとり得る変数のことで，図3・1のA, B, Cのように表されます．通常のディジタル回路では，高い電圧（5V程度）を1とし，低い電圧（0V程度）を0として，回路を表現することになります．この0または1を取り得る値を論理値とも呼びます．論理値は，2値（0または1）のみを取り得る値となります．

$$Z(A, B, C) = \overline{A} \cdot B + C$$

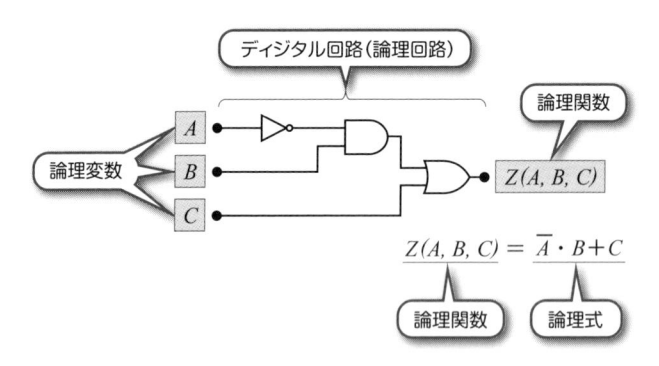

図3・1 ■ 論理変数，論理式，論理関数，論理回路の説明図

論理式とは，この論理変数をAND（論理積：記号「・」（論理学の∧））やOR（論理和：記号「＋」（論理学の∨））やNOT（否定：記号「 ￣ 」（論理学の¬），読み方はバー（bar））などで組み合わせた式のことを指します．図3・1のようなディジタル回路（論理回路）を考えた場合，出力 Z は A, B, C の関数と見ることができます．そのため，Z は A, B, C の論理関数とも呼ばれます．このとき，Z は，入力に応じて0または1の値を出力します．

このように論理関数は，図3·1に示したように，ディジタル回路（論理回路）を論理式（$Z = \overline{A} \cdot B + C$）で表したものといえます．ディジタル回路は論理式で表現されるため，論理回路とも呼ばれます．この図のディジタル回路（論理回路）の真理値表を考えると，**表3·1**のようになります．

表3·1 ■図3·1の回路の真理値表

A	B	C	$\overline{A}$	$\overline{A} \cdot B$	$Z = \overline{A} \cdot B + C$
0	0	0	1	0	0
0	0	1	1	0	1
0	1	0	1	1	1
0	1	1	1	1	1
1	0	0	0	0	0
1	0	1	0	0	1
1	1	0	0	0	0
1	1	1	0	0	1

まとめ

本節では，回路を数式で表す方法や，基礎的な用語の使い方を見てきました．回路に論理式の概念を用いることで，さまざまな回路を平易に取り扱うことが可能となります．

3-2 主加法標準形と主乗法標準形

キーポイント

回路の真理値表が与えられたときに，真理値表から論理式に変換することが必要となります．ここでは，代表的な方法として，主加法標準形と主乗法標準形を見ていきます．

1 主加法標準形

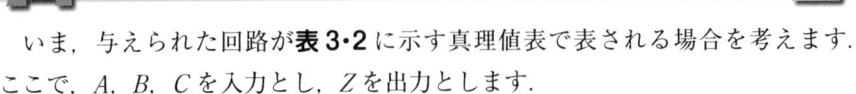

いま，与えられた回路が**表3・2**に示す真理値表で表される場合を考えます．ここで，A，B，Cを入力とし，Zを出力とします．

表3・2 真理値表の例と最小項

A	B	C	Z	最小項
0	0	0	0	$\overline{A}\cdot\overline{B}\cdot\overline{C}$
0	0	1	1	$\overline{A}\cdot\overline{B}\cdot C$
0	1	0	1	$\overline{A}\cdot B\cdot\overline{C}$
0	1	1	1	$\overline{A}\cdot B\cdot C$
1	0	0	0	$A\cdot\overline{B}\cdot\overline{C}$
1	0	1	1	$A\cdot\overline{B}\cdot C$
1	1	0	0	$A\cdot B\cdot\overline{C}$
1	1	1	1	$A\cdot B\cdot C$

この表で，最小項とは，入力の論理変数A，B，Cにおいて，
・論理変数が0の場合には，否定形（変数の上にバーを付ける）
・論理変数が1の場合には，そのまま

として，入力の論理変数の論理積をとった形の項を指します．

論理関数Zが1のときの，すべての最小項の論理和を**主加法標準形**と呼びます．Zの論理式は主加法標準形で表されることが知られています．そのため，表3・2のZの式は，主加法標準形を用いて，次式のように表すことができます．なお，主加法標準形は，別名として，加法標準形，あるいは積和標準形とも呼ばれます．

〈論理関数Zを主加法標準形で表した式〉
$Z=1$の項に注目すると以下のようになります．
$$Z = \overline{A}\cdot\overline{B}\cdot C + \overline{A}\cdot B\cdot\overline{C} + \overline{A}\cdot B\cdot C + A\cdot\overline{B}\cdot C + A\cdot B\cdot C$$

2 主乗法標準形

いま、与えられた回路が**表3·3**に示す真理値表で表される場合を考えます。ここで、A, B, Cを入力とし、Zを出力とします。

表3·3 ■真理値表例と最大項

A	B	C	Z	最大項
0	0	0	0	$(A+B+C)$
0	0	1	1	$(A+B+\overline{C})$
0	1	0	1	$(A+\overline{B}+C)$
0	1	1	1	$(A+\overline{B}+\overline{C})$
1	0	0	0	$(\overline{A}+B+C)$
1	0	1	1	$(\overline{A}+B+\overline{C})$
1	1	0	0	$(\overline{A}+\overline{B}+C)$
1	1	1	1	$(\overline{A}+\overline{B}+\overline{C})$

この表で、最大項とは、入力の論理変数A, B, Cにおいて
・論理変数が1の場合には、否定形（変数の上にバーを付ける）
・論理変数が0の場合には、そのまま

として、入力の論理変数の**論理和**をとった形の項を指します。

論理関数Zが0のときの、すべての最大項の論理積を**主乗法標準形**と呼びます。Zの論理式は主乗法標準形で表されることが知られていますので、表のZの式は、主乗法標準形を用いて、次式のように表すことができます。なお、主乗法標準形は、別名として、**乗法標準形**、あるいは**和積標準形**とも呼ばれます。

〈論理関数Zを主乗法標準形で表した式〉
$Z=0$の項に注目すると以下のようになります。
$$Z=(A+B+C)\cdot(\overline{A}+B+C)\cdot(\overline{A}+\overline{B}+C)$$

まとめ

論理関数Zは主加法標準形、主乗法標準形で表すことができます。主加法標準形は「最小項の和」という形、主乗法標準形とは「最大項の積」という形での表現となります。

3-3 カルノー図による簡単化Ⅰ：2変数の場合

キーポイント

ディジタル回路では，冗長なゲート素子を少しでも減らせれば，大幅なコストダウンにつながることがあります．ここでは，カルノー図を用いた回路の簡単化手法について見ていきます．

ディジタル回路（論理回路）は，うまく作ると無駄な素子をなくすことができ，簡単化できることが知られています．回路を簡単化することで，論理ゲートの素子数を減らすことができ，回路開発にかけるコストを抑えることが可能となります．本節では，例題を通して，主加法標準形の論理関数からカルノー図を用いて，論理式を簡単化する手法について見ていきましょう．

例題 1

〈2変数の場合〉
論理関数 Z が以下の主加法標準形の式で与えられています．この Z の論理式をカルノー図を用いて簡単化しなさい．

$$Z = \overline{A} \cdot B + \overline{A} \cdot \overline{B} + A \cdot \overline{B}$$

解答

(1) まず，2変数のカルノー図を以下のように描きます．

58

(2) 次に，各項をカルノー図上に記入していきます．

① $\overline{A}\cdot B$ をカルノー図上に記入します．
縦軸 A が（0）で，横軸 B が（1）の箇所に 1 を記入します．

② $\overline{A}\cdot\overline{B}$ をカルノー図上に記入します．
縦軸 A が（0）で，横軸 B が（0）の箇所に 1 を記入します．

③ $A\cdot\overline{B}$ をカルノー図上に記入します．
縦軸 A が（1）で，横軸 B が（0）の箇所に 1 を記入します．

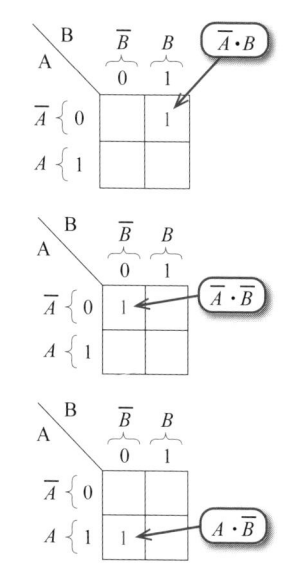

(3) カルノー図に全ての 1 を記入します．その上で，カルノー図の領域および囲み方を以下の①～③に従って確認していきます．

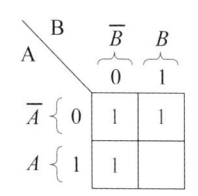

① 2 変数カルノー図の領域は，以下の二つの図のようになっています．

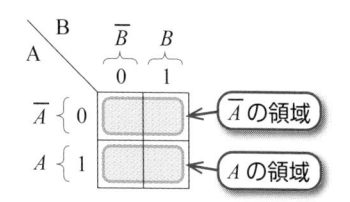

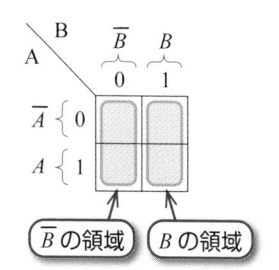

(a) A の領域 　　　　　　　　(a) B の領域

② カルノー図の1の箇所を2^n個の四角形で囲んでいきます．囲み方は，以下の九つの図のようなパターンがあります．どのパターンになっているかを確認しましょう．

(a) 4個で囲む場合

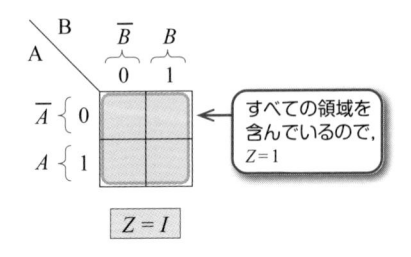

すべての領域を含んでいるので，$Z=1$

$Z=1$

(b) 2個で囲む場合

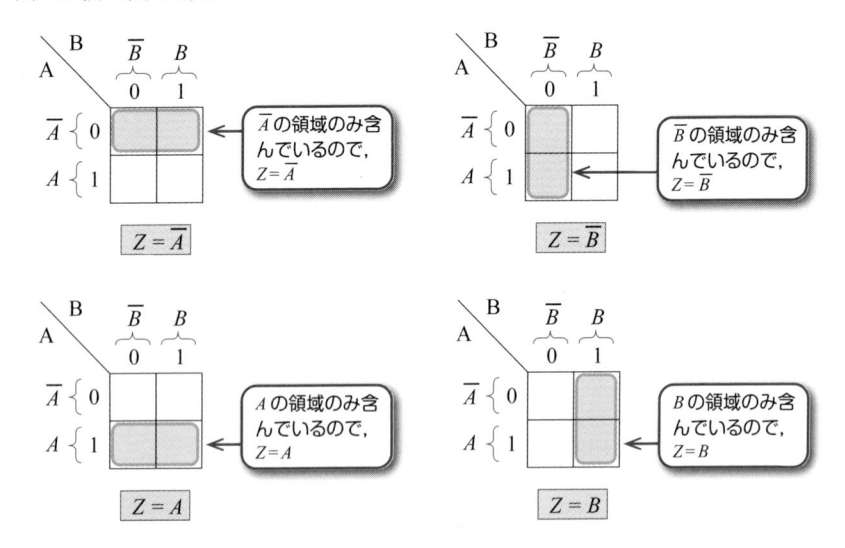

$\overline{A}$の領域のみ含んでいるので，$Z=\overline{A}$

$Z=\overline{A}$

$\overline{B}$の領域のみ含んでいるので，$Z=\overline{B}$

$Z=\overline{B}$

Aの領域のみ含んでいるので，$Z=A$

$Z=A$

Bの領域のみ含んでいるので，$Z=B$

$Z=B$

(c) 1個で囲む場合

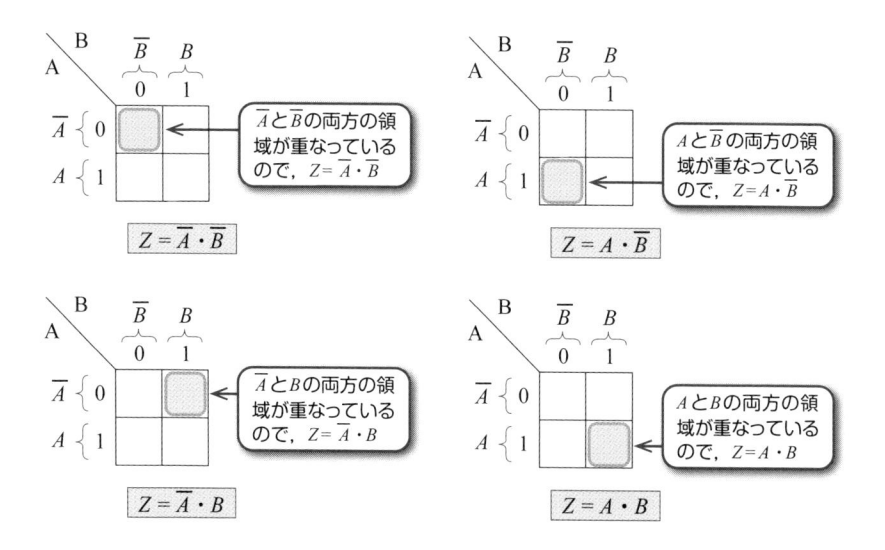

$\overline{A}$と$\overline{B}$の両方の領域が重なっているので，$Z=\overline{A}\cdot\overline{B}$

$Z=\overline{A}\cdot\overline{B}$

Aと$\overline{B}$の両方の領域が重なっているので，$Z=A\cdot\overline{B}$

$Z=A\cdot\overline{B}$

$\overline{A}$とBの両方の領域が重なっているので，$Z=\overline{A}\cdot B$

$Z=\overline{A}\cdot B$

AとBの両方の領域が重なっているので，$Z=A\cdot B$

$Z=A\cdot B$

③ 囲みが重なってもよいので，なるべく大きくなるように，すべての1を四角形で囲んでいきましょう．最終的には，以下のように，重なった二つの囲みで囲むことができます．Zは，この二つの囲みの式の論理和として表されます．

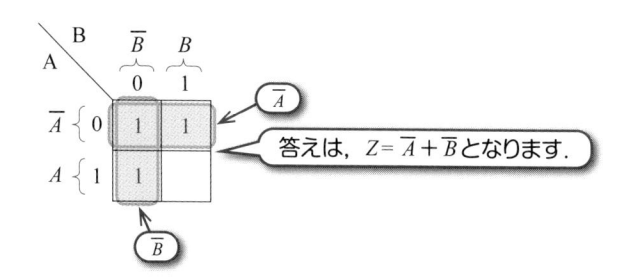

$\overline{A}$

答えは，$Z=\overline{A}+\overline{B}$となります．

$\overline{B}$

〈答え $Z=\overline{A}+\overline{B}$〉

3-4 カルノー図による簡単化Ⅱ：3変数の場合・ドントケア

キーポイント

カルノー図は，変数の数によって作図方法が変わってきます．2変数に比べ3変数になると，囲み方がひとまわり複雑になります．ここでは，3変数のカルノー図の簡単化手法を見ていきます．

回路では，一部の機能が使われない場合があります．その一部使われない箇所では，論理値はどのような値でもよいため，ドントケアと呼ばれています．このドントケアをうまく使うと，回路をひとまわり簡単にできることがあります．その手法についても見ていきます．

例題 2

〈3変数の場合〉

論理関数 Z が以下の主加法標準形の式で与えられています．この Z の論理式をカルノー図を用いて簡単化しなさい．

$$Z = \overline{A} \cdot \overline{B} \cdot \overline{C} + \overline{A} \cdot B \cdot \overline{C} + A \cdot B \cdot \overline{C} + \overline{A} \cdot B \cdot C$$

解答

(1) まず，3変数のカルノー図を以下のように描きます．ここで，カルノー図の特徴として，縦軸の変数 AB の順番が，「00 → 01 → 10 → 11」ではなく，「00 → 01 → 11 → 10」となっている点に注意しましょう．隣接する項をまとめやすくするため，隣接する数字が1けた分だけの変化になるように，わざとこのような順番にしています．

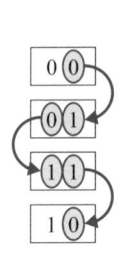

隣接項は1けた分の変化

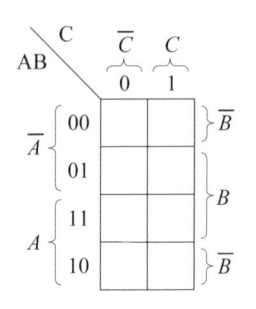

3変数のカルノー図

(2) 次に，各項をカルノー図上に記入していきます．

① $\overline{A}\cdot\overline{B}\cdot\overline{C}$ をカルノー図上に記入します．
縦軸 AB が（00）で，横軸 C が（0）の箇所に 1 を記入します．

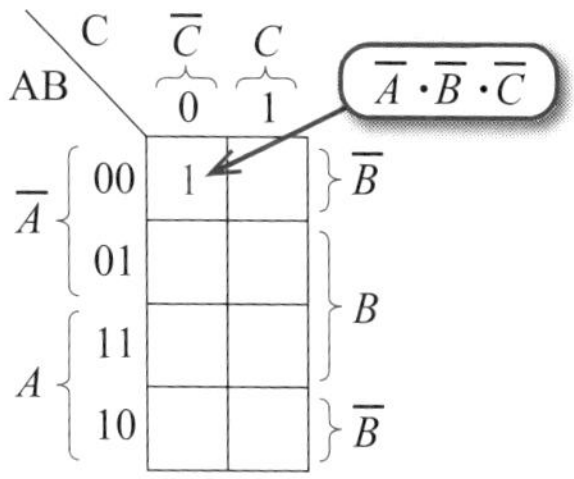

② $\overline{A}\cdot B\cdot\overline{C}$ をカルノー図上に記入します．
縦軸 AB が（01）で，横軸 C が（0）の箇所に 1 を記入します．

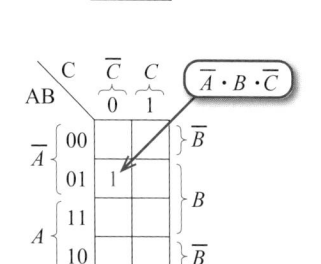

③ $A\cdot B\cdot\overline{C}$ をカルノー図上に記入します．
縦軸 AB が（11）で，横軸 C が（0）の箇所に 1 を記入します．

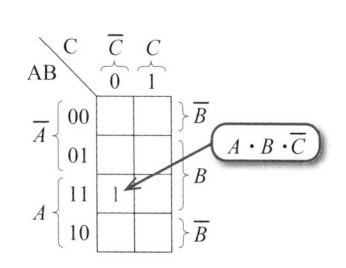

④ $\overline{A}\cdot B\cdot C$ をカルノー図上に記入します．
縦軸 AB が（01）で，横軸 C が（1）の箇所に 1 を記入します．

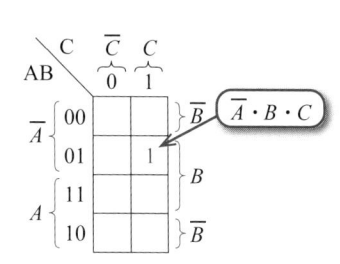

(3) カルノー図にすべての1を記入します．その上で，カルノー図の領域および囲み方を以下の①～③に従って確認していきます．

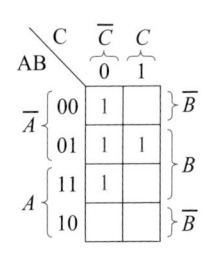

	$\overline{C}$	C
AB	0	1
$\overline{A}$ 00	1	
$\overline{A}$ 01	1	1
A 11	1	
A 10		

① 3変数カルノー図の領域は，以下の三つの図のようになっています．

(a) A の領域

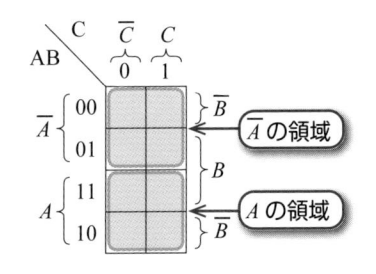

(b) B の領域

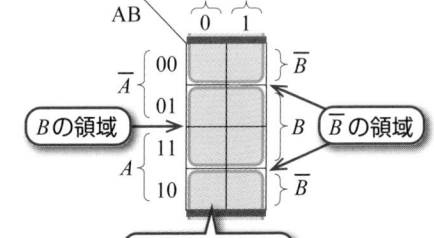

(c) C の領域

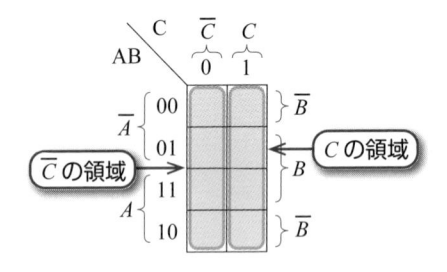

縁（ふち）の線は，反対側の縁（ふち）の線と隣接しているように扱います．

② カルノー図の1の箇所を2^n個の四角形で囲んでいきます．囲み方は，以下の14点の図のようなパターンがあります．どのパターンになっているかを確認しましょう．

(a) 8個で囲む場合

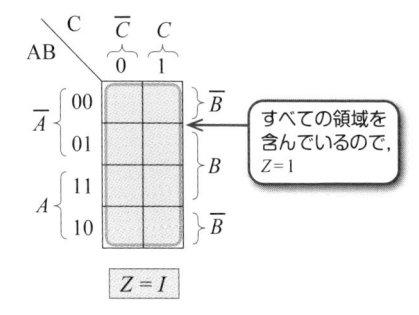

すべての領域を含んでいるので，$Z=1$

$Z=1$

(b) 4個で囲む場合

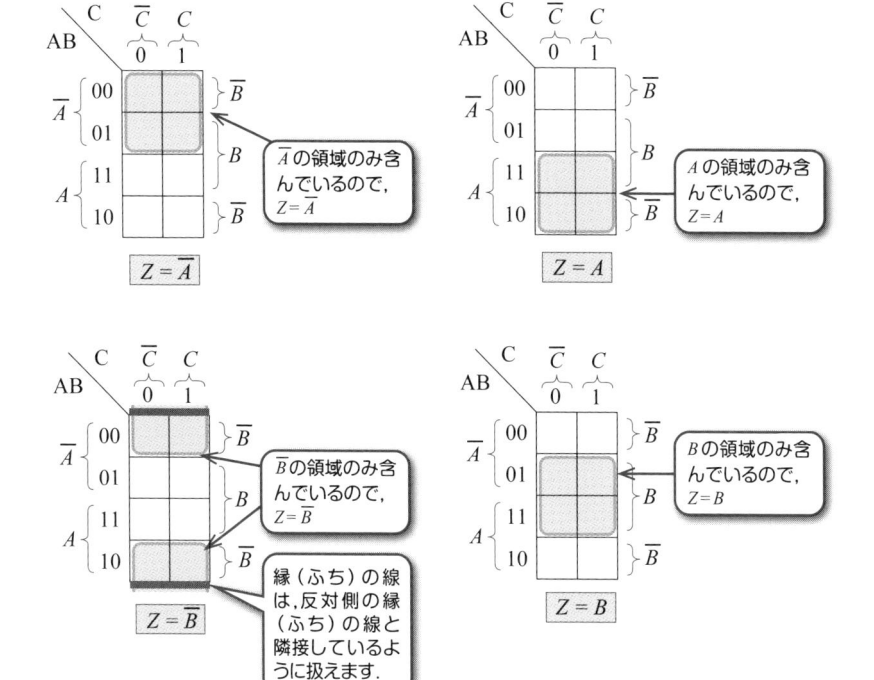

$\overline{A}$の領域のみ含んでいるので，$Z=\overline{A}$

$Z=\overline{A}$

Aの領域のみ含んでいるので，$Z=A$

$Z=A$

$\overline{B}$の領域のみ含んでいるので，$Z=\overline{B}$

縁（ふち）の線は，反対側の縁（ふち）の線と隣接しているように扱えます．

$Z=\overline{B}$

Bの領域のみ含んでいるので，$Z=B$

$Z=B$

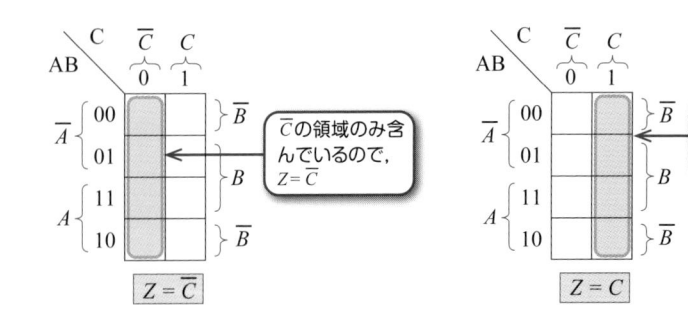

	C	$\overline{C}$	C
AB		0	1

$\overline{C}$の領域のみ含んでいるので，$Z=\overline{C}$

$$Z = \overline{C}$$

Cの領域のみ含んでいるので，$Z=C$

$$Z = C$$

(c) 2個で囲む場合

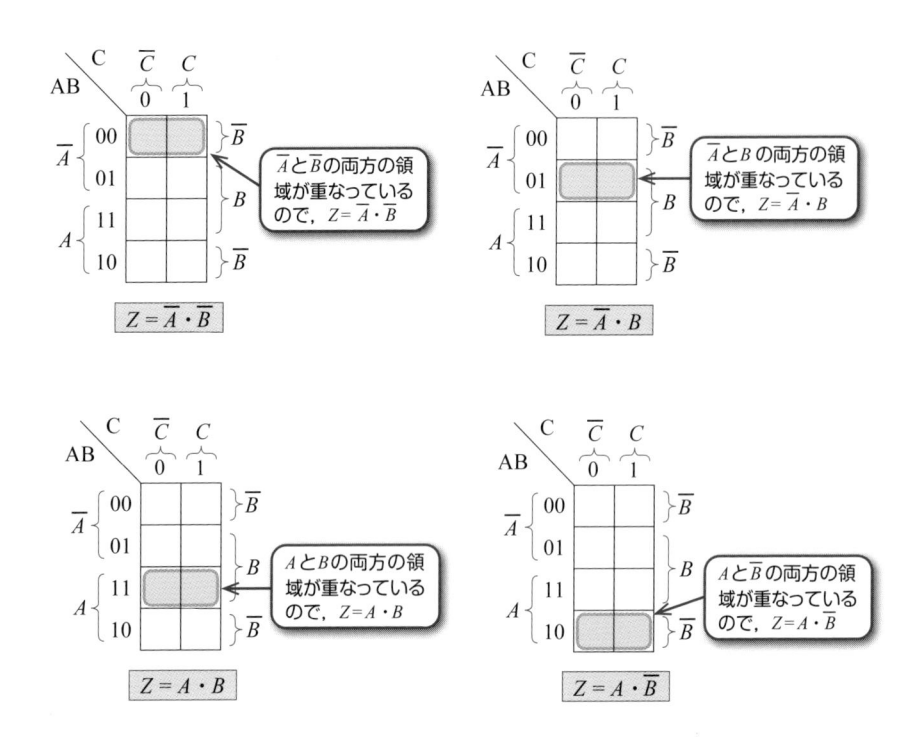

$\overline{A}$と$\overline{B}$の両方の領域が重なっているので，$Z=\overline{A}\cdot\overline{B}$

$$Z = \overline{A}\cdot\overline{B}$$

$\overline{A}$とBの両方の領域が重なっているので，$Z=\overline{A}\cdot B$

$$Z = \overline{A}\cdot B$$

AとBの両方の領域が重なっているので，$Z=A\cdot B$

$$Z = A\cdot B$$

Aと$\overline{B}$の両方の領域が重なっているので，$Z=A\cdot\overline{B}$

$$Z = A\cdot\overline{B}$$

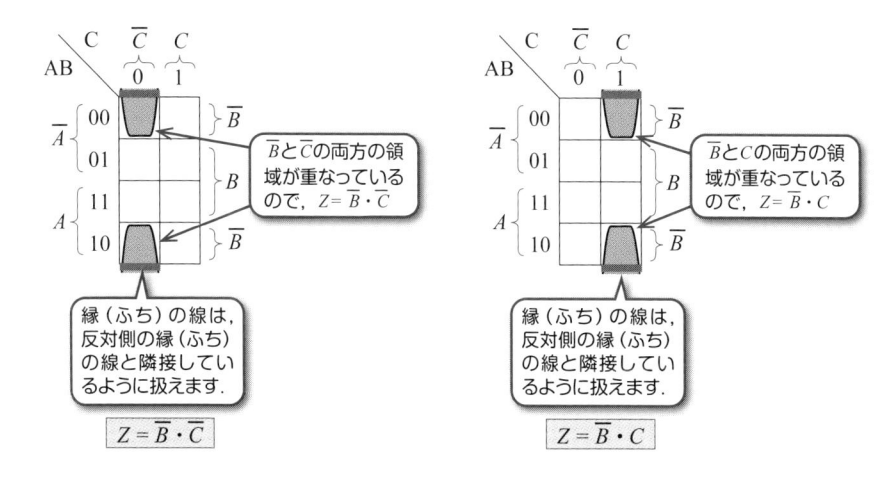

縁(ふち)の線は, 反対側の縁(ふち)の線と隣接しているように扱えます.

$Z = \overline{B} \cdot \overline{C}$

$Z = \overline{B} \cdot C$

(d) 1個で囲む場合

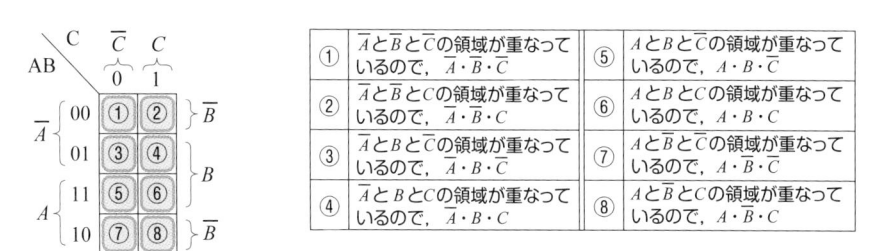

①	$\overline{A}$と$\overline{B}$と$\overline{C}$の領域が重なっているので, $\overline{A} \cdot \overline{B} \cdot \overline{C}$	⑤	Aと$\overline{B}$と$\overline{C}$の領域が重なっているので, $A \cdot \overline{B} \cdot \overline{C}$
②	$\overline{A}$と$\overline{B}$とCの領域が重なっているので, $\overline{A} \cdot \overline{B} \cdot C$	⑥	Aと$\overline{B}$とCの領域が重なっているので, $A \cdot \overline{B} \cdot C$
③	$\overline{A}$とBと$\overline{C}$の領域が重なっているので, $\overline{A} \cdot B \cdot \overline{C}$	⑦	AとBと$\overline{C}$の領域が重なっているので, $A \cdot B \cdot \overline{C}$
④	$\overline{A}$とBとCの領域が重なっているので, $\overline{A} \cdot B \cdot C$	⑧	AとBとCの領域が重なっているので, $A \cdot B \cdot C$

$Z = \overline{A} \cdot \overline{B} \cdot \overline{C},\ \overline{A} \cdot \overline{B} \cdot C,\ \overline{A} \cdot B \cdot \overline{C},\ \overline{A} \cdot B \cdot C,\ A \cdot B \cdot \overline{C},\ A \cdot B \cdot C,\ A \cdot \overline{B} \cdot \overline{C},\ A \cdot \overline{B} \cdot C$

③ 囲みが重なってもよいので, なるべく大きくなるように, すべての1を四角形で囲んでいきます. 最終的には, 例題2では以下のように, 重複した三つの四角形の囲みで, 囲むことができました. Zは, この三つの囲みの式の論理和として表されます.

〈答え　$Z = \overline{A} \cdot B + \overline{A} \cdot \overline{C} + B \cdot \overline{C}$〉

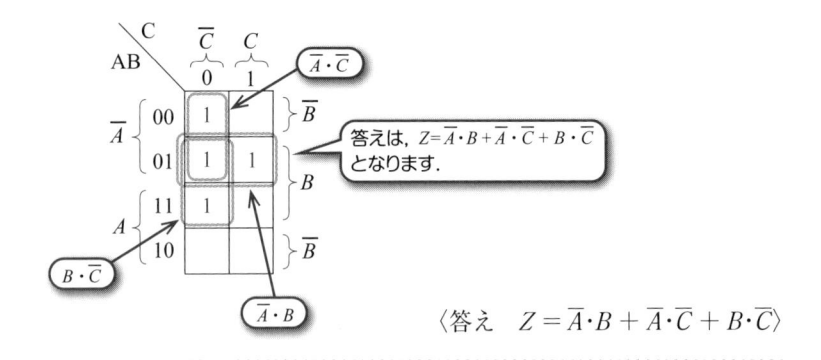

ここで，Don't Care（ドントケア）の扱いについて考えます．たとえば，**表3·4**に示すように，一部の真理値表の部分において，0でも1でもどちらでもよい場合があります．Don't Care（ドントケア）とは，論理値が0でも1でもどちらでもよいことを指します．Don't Care（ドントケア）は，別名「禁止」や「組合せ禁止」などとも呼ばれています．回路の一部の入力が禁止されており，その入力禁止の箇所については，0でも1でもよいため，このように呼ばれます．

表3·4 ■ Don't Care（ドントケア）を含む真理値表例

A	B	C	Z	最小項
0	0	0	0	$\overline{A} \cdot \overline{B} \cdot \overline{C}$
0	0	1	1	$\overline{A} \cdot \overline{B} \cdot C$
0	1	0	1	$\overline{A} \cdot B \cdot \overline{C}$
0	1	1	1	$\overline{A} \cdot B \cdot C$
1	0	0	0	$A \cdot \overline{B} \cdot \overline{C}$
1	0	1	Don't Care (0でも1でも，どちらでもよい)	$A \cdot \overline{B} \cdot C$
1	1	0		$A \cdot B \cdot \overline{C}$
1	1	1		$A \cdot B \cdot C$

カルノー図では，Don't Care（ドントケア）の箇所を「×」で記入しておきます．カルノー図において「1」を囲む際に，囲みがなるべく大きくなるようにするため，Don't Care（ドントケア）「×」を含めることができます．Don't Care（ドントケア）の箇所を考慮することで，ひとまわり簡単化が進むことがあります．次の例題をもとに，カルノー図におけるDon't Care（ドントケア）の取扱い方法を見ていきます．

例題 3

〈3変数の場合，Don't Care(ドントケア)を含む場合〉

論理関数 Z が次式の主加法標準形で与えられています．この Z の論理式を，カルノー図を用いて簡単化しなさい．ただし，$A \cdot \overline{B} \cdot C$ 項と $A \cdot B \cdot \overline{C}$ 項と $A \cdot B \cdot C$ 項の3項は，0になっても1になってもよいため，Don't Care (ドントケア) とします．

$$Z = \overline{A} \cdot \overline{B} \cdot C + \overline{A} \cdot B \cdot \overline{C} + \overline{A} \cdot B \cdot C$$

ただし，$A \cdot \overline{B} \cdot C$ 項と $A \cdot B \cdot \overline{C}$ 項と $A \cdot B \cdot C$ 項は Don't Care 項とする．

解答

(1) まず，3変数のカルノー図を以下のように描きます．Z の式の箇所には，「1」を記入し，Don't Care（ドントケア）項の箇所には，「×」を記入します．

(2) 次に，Don't Care（ドントケア）項「×」も含めて，なるべく囲みが大きくなるように，「1」の項を四角形で囲んでいきます．囲みは次のようになります．

〈答え $Z = B + C$〉

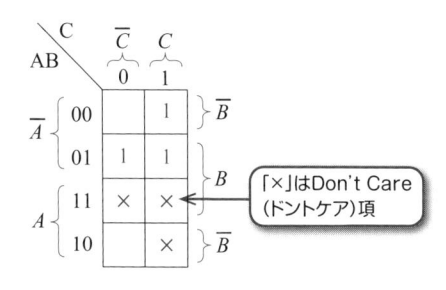

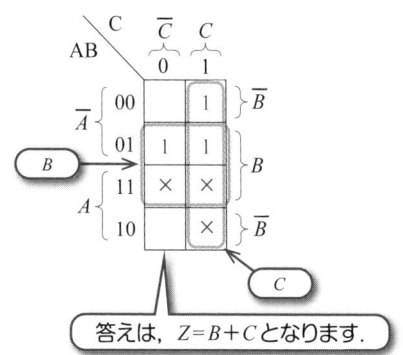

まとめ

ここでは，3変数のカルノー図を用いた簡単化手法を見てきました．ドントケアという概念も出てきて，一部の箇所では，"0" でも "1" でも，どちらでもよい箇所を与えられ，さらに回路が簡単になるケースも見てきました．

3-5 カルノー図による簡単化Ⅲ：4変数の場合

キーポイント

通常，カルノー図といえば，この4変数カルノー図が有名です．これまでに述べた3変数と2変数のカルノー図は，4変数カルノー図の一部という見方もできると思います．ここでは，4変数カルノー図を用いた回路の簡単化手法についてみていきます．ちなみに，5変数以上のカルノー図は，立体的で紙面に表現しづらいため，本書では，4変数までを取り扱います．

4変数のカルノー図を用いた簡単化手法についてみていきます．まず例題を解きながら，カルノー図の作成方法を説明していきたいと思います．いったんカルノー図ができたら，次に囲み方をみていきます．4変数のカルノー図の場合は，2変数や3変数に比べて囲み方のバリエーションが多くなり，かつ，気をつける点も増えていきます．ここでは，実際の問題を解きながら，この方法に慣れていきましょう．

例題 4

〈4変数の場合〉

論理関数 Z が以下の主加法標準形の式で与えられています．この Z の論理式を，カルノー図を用いて簡単化しなさい．

$Z = \overline{A}\cdot B\cdot \overline{C}\cdot \overline{D} + \overline{A}\cdot B\cdot \overline{C}\cdot D + \overline{A}\cdot B\cdot C\cdot D + \overline{A}\cdot B\cdot C\cdot \overline{D} + A\cdot B\cdot C\cdot D$

解答

(1) まず，4変数のカルノー図を以下のように描きます．ここでも，3変数と同様に，隣接する項をまとめやすくするため，縦軸と横軸の変数 AB の順番が，「00→01→10→11」ではなく，「00→01→11→10」となっている点に注意してください．隣接する数字が1けた分だけの変化になっています．

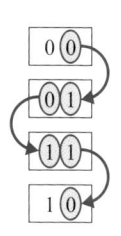

隣接項は1けた分の変化

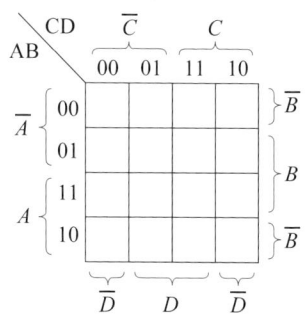

4変数のカルノー図

(2)次に，各項をカルノー図上に記入していきます．

① $\overline{A}\cdot B\cdot \overline{C}\cdot \overline{D}$ をカルノー図上に記入します．

縦軸 AB が（01）で，横軸 CD が（00）の箇所に1を記入します．

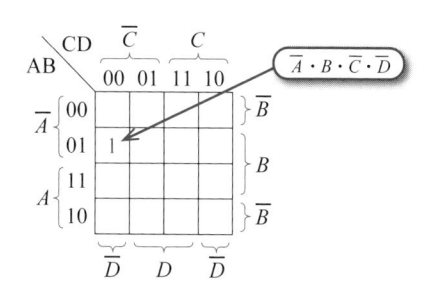

② $\overline{A}\cdot B\cdot \overline{C}\cdot D$ をカルノー図上に記入します．

縦軸 AB が（01）で，横軸 CD が（01）の箇所に1を記入します．

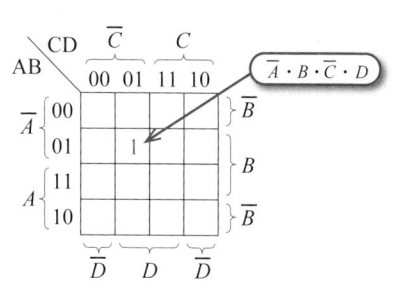

③ $\overline{A}\cdot B\cdot C\cdot D$ をカルノー図上に記入します．

縦軸 AB が（01）で，横軸 CD が（11）の箇所に1を記入します．

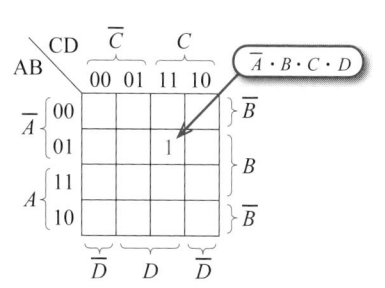

④ $\overline{A}\cdot B\cdot C\cdot \overline{D}$ をカルノー図上に記入します.

縦軸 AB が (01) で, 横軸 CD が (10) の箇所に 1 を記入します.

⑤ $A\cdot B\cdot C\cdot D$ をカルノー図上に記入します.

縦軸 AB が (11) で, 横軸 CD が (11) の箇所に 1 を記入します.

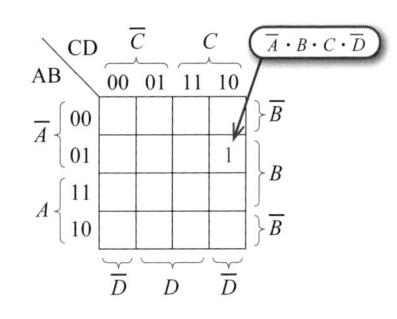

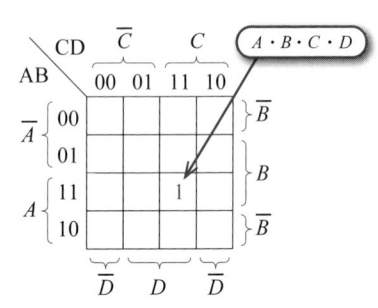

(3) カルノー図にすべての 1 を記入します. そのうえで, カルノー図の領域および囲み方を以下の①〜③に従って確認していきます.

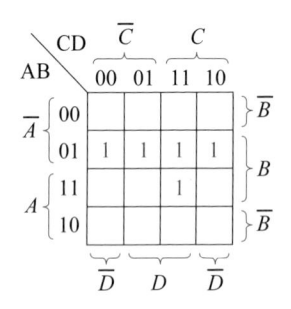

① 4変数カルノー図の領域は，以下の四つの図のようになっています．

(a) A の領域   (b) B の領域

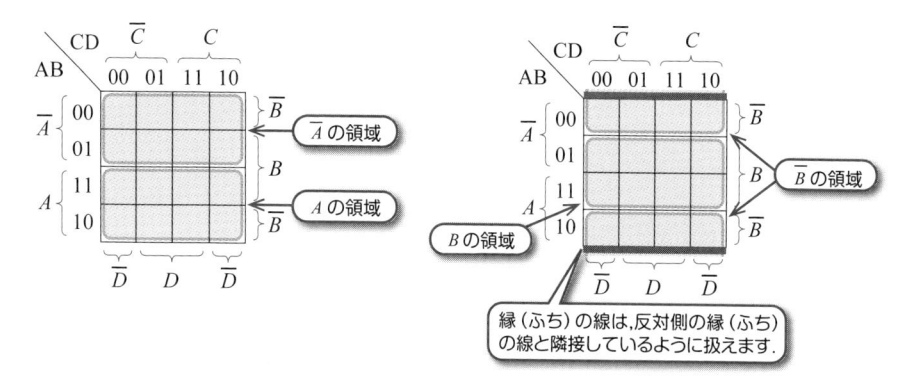

$\overline{A}$ の領域
A の領域
B の領域
$\overline{B}$ の領域

縁（ふち）の線は，反対側の縁（ふち）の線と隣接しているように扱えます．

(c) C の領域 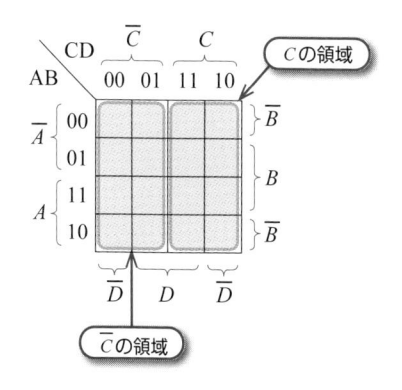   (d) D の領域

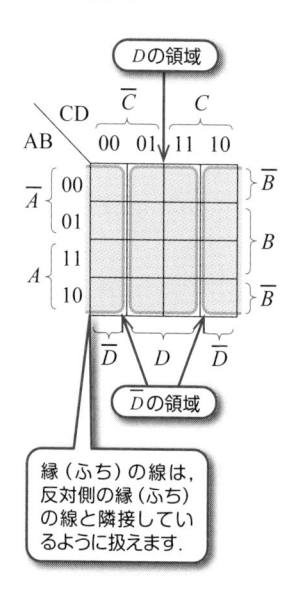

C の領域
$\overline{C}$ の領域
D の領域
$\overline{D}$ の領域

縁（ふち）の線は，反対側の縁（ふち）の線と隣接しているように扱えます．

② カルノー図の1の箇所を囲んでいきます．囲み方は，以下の14点の図のようなパターンがあります．どのパターンになっているかを確認しましょう．

(a) 16個で囲む場合

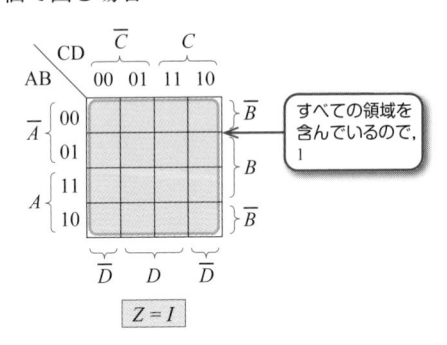

すべての領域を含んでいるので，1

$Z = 1$

(b) 8個で囲む場合

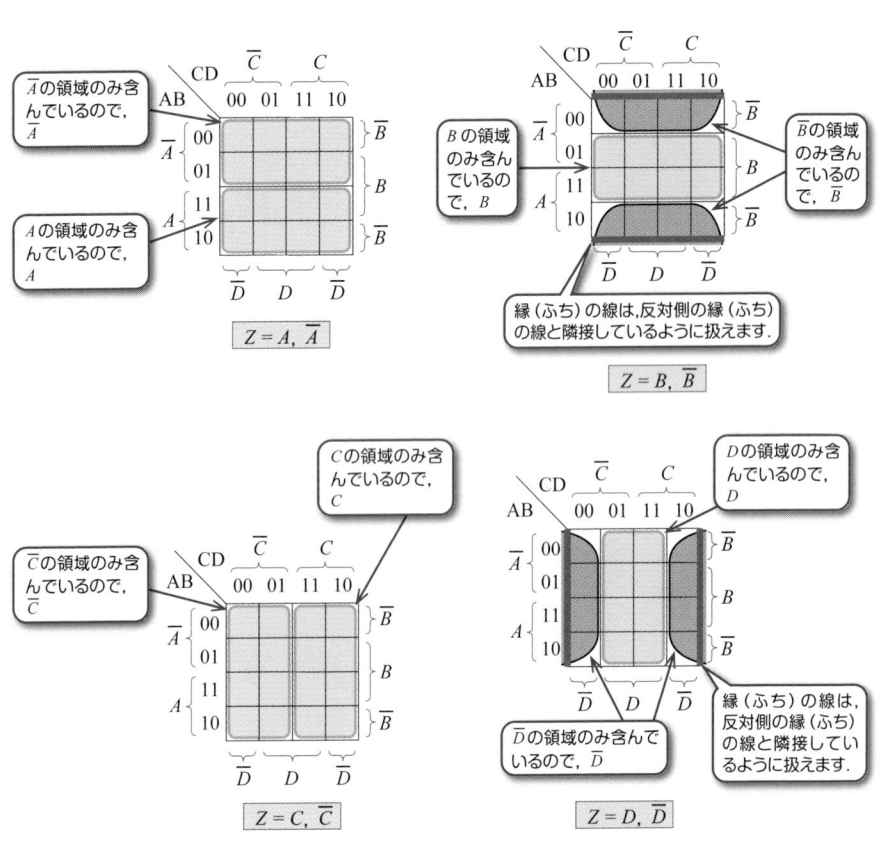

$\overline{A}$の領域のみ含んでいるので，$\overline{A}$

Aの領域のみ含んでいるので，A

$Z = A, \overline{A}$

Bの領域のみ含んでいるので，B

$\overline{B}$の領域のみ含んでいるので，$\overline{B}$

縁（ふち）の線は，反対側の縁（ふち）の線と隣接しているように扱えます．

$Z = B, \overline{B}$

$\overline{C}$の領域のみ含んでいるので，$\overline{C}$

Cの領域のみ含んでいるので，C

$Z = C, \overline{C}$

Dの領域のみ含んでいるので，D

$\overline{D}$の領域のみ含んでいるので，$\overline{D}$

縁（ふち）の線は，反対側の縁（ふち）の線と隣接しているように扱えます．

$Z = D, \overline{D}$

(c) 4個で囲む場合

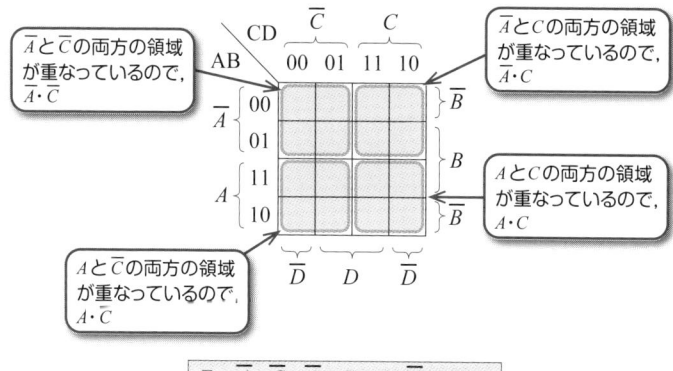

$\overline{A}$と$\overline{C}$の両方の領域が重なっているので，$\overline{A}\cdot\overline{C}$

$\overline{A}$とCの両方の領域が重なっているので，$\overline{A}\cdot C$

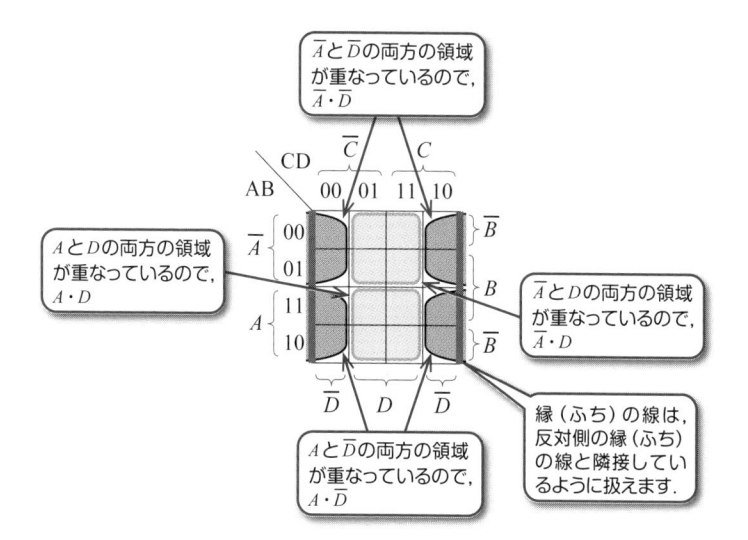

AとCの両方の領域が重なっているので，$A\cdot C$

Aと$\overline{C}$の両方の領域が重なっているので，$A\cdot\overline{C}$

$$Z = \overline{A}\cdot\overline{C},\ \overline{A}\cdot C,\ A\cdot\overline{C},\ A\cdot C$$

$\overline{A}$と$\overline{D}$の両方の領域が重なっているので，$\overline{A}\cdot\overline{D}$

AとDの両方の領域が重なっているので，$A\cdot D$

$\overline{A}$とDの両方の領域が重なっているので，$\overline{A}\cdot D$

Aと$\overline{D}$の両方の領域が重なっているので，$A\cdot\overline{D}$

縁（ふち）の線は，反対側の縁（ふち）の線と隣接しているように扱えます．

$$Z = \overline{A}\cdot\overline{D},\ \overline{A}\cdot D,\ A\cdot D,\ A\cdot\overline{D}$$

BとCの両方の領域が重なっているので，$B \cdot C$

$\overline{B}$と$\overline{C}$の両方の領域が重なっているので，$\overline{B} \cdot \overline{C}$

$\overline{B}$とCの両方の領域が重なっているので，$\overline{B} \cdot C$

Bと$\overline{C}$の両方の領域が重なっているので，$B \cdot \overline{C}$

縁（ふち）の線は，反対側の縁（ふち）の線と隣接しているように扱えます．

$$Z = \overline{B} \cdot \overline{C},\ \overline{B} \cdot C,\ B \cdot C,\ B \cdot \overline{C}$$

$\overline{B}$と$\overline{D}$の両方の領域が重なっているので，$\overline{B} \cdot \overline{D}$

BとDの両方の領域が重なっているので，$B \cdot D$

縁（ふち）の線は，反対側の縁（ふち）の線と隣接しているように扱えます．

$$Z = \overline{B} \cdot \overline{D},\ B \cdot D$$

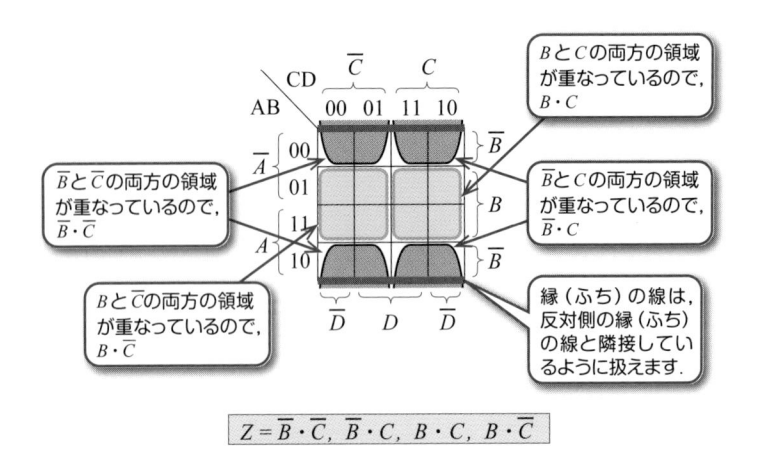

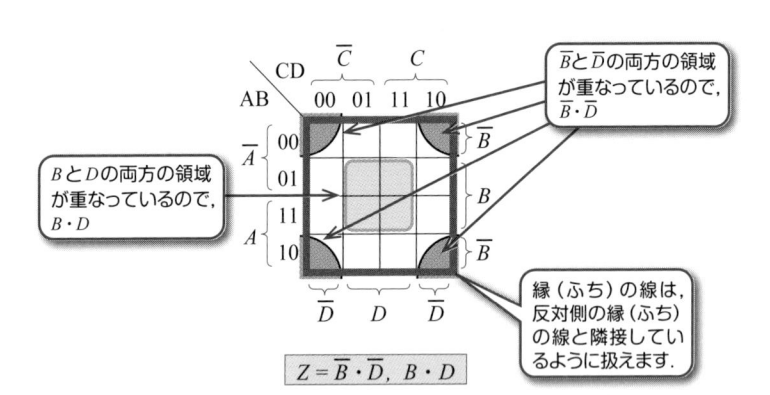

(d) 2個で囲む場合

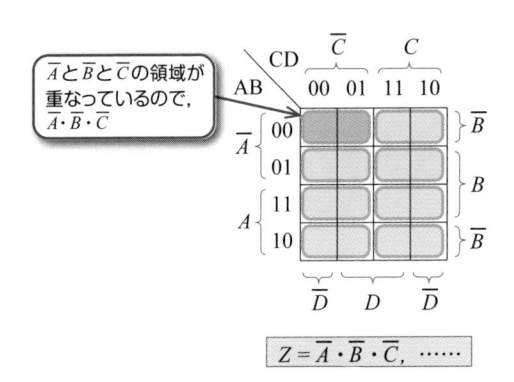

$\overline{A}$と$\overline{B}$と$\overline{C}$の領域が重なっているので，$\overline{A} \cdot \overline{B} \cdot \overline{C}$

$$Z = \overline{A} \cdot \overline{B} \cdot \overline{C},\ \cdots\cdots$$

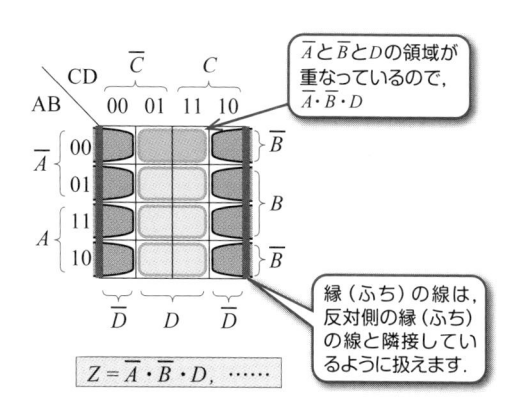

$\overline{A}$ と $\overline{B}$ と D の領域が重なっているので，$\overline{A} \cdot \overline{B} \cdot D$

縁（ふち）の線は，反対側の縁（ふち）の線と隣接しているように扱えます．

$Z = \overline{A} \cdot \overline{B} \cdot D, \ldots\ldots$

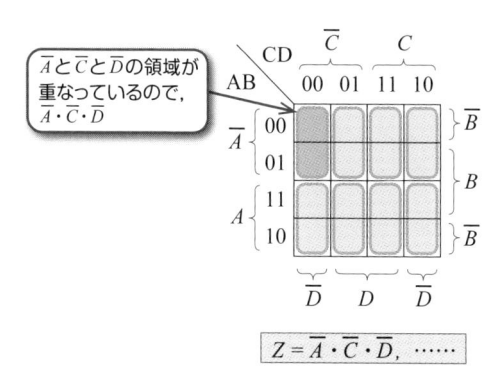

$\overline{A}$ と $\overline{C}$ と $\overline{D}$ の領域が重なっているので，$\overline{A} \cdot \overline{C} \cdot \overline{D}$

$Z = \overline{A} \cdot \overline{C} \cdot \overline{D}, \ldots\ldots$

B と $\overline{C}$ と $\overline{D}$ の領域が重なっているので，$B \cdot \overline{C} \cdot \overline{D}$

縁（ふち）の線は，反対側の縁（ふち）の線と隣接しているように扱えます．

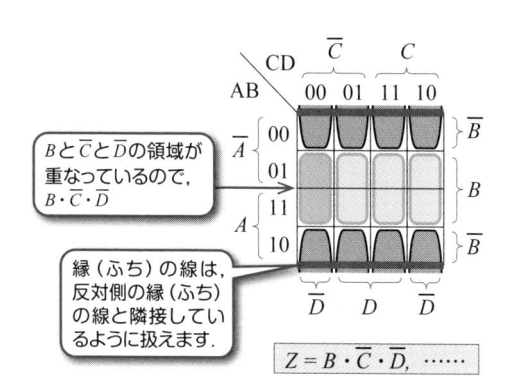

$Z = B \cdot \overline{C} \cdot \overline{D}, \ldots\ldots$

(e) 1個で囲む場合

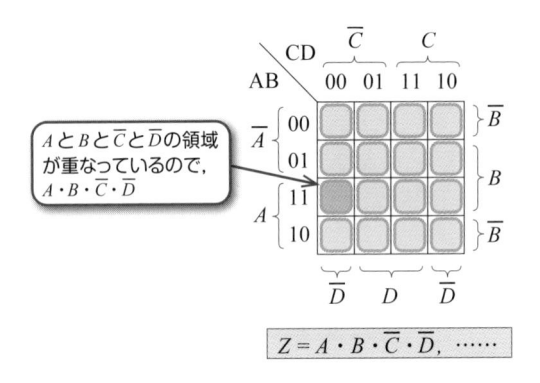

```
         CD   C̄      C
    AB       00 01 11 10
       ┌ 00  □  □  □  □  ┐ B̄
   Ā  │ 01  □  □  □  □  │
       └                 ├ B
       ┌ 11  □  □  ■  □  │
    A  │                 ┘
       └ 10  □  □  □  □  ┐ B̄
              D̄   D   D̄
```

AとBとC̄とD̄の領域が重なっているので, $A \cdot B \cdot \overline{C} \cdot \overline{D}$

$Z = A \cdot B \cdot \overline{C} \cdot \overline{D}$, ……

③ 囲みが重複してもよいので，なるべく大きくなるように，すべての1を囲んでいきます．最終的には，例題4では以下のように，重複した二つの囲みで，囲むことができます．Zは，この二つの囲みの式の和として表されることになります．

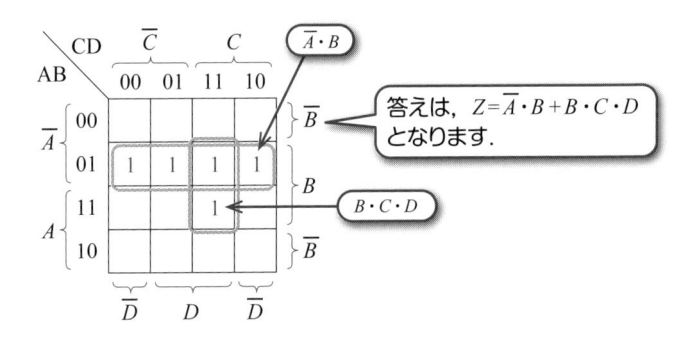

```
         CD    C̄       C        Ā·B
    AB       00  01  11  10
       ┌ 00                       ┐ B̄
   Ā  │ 01  1   1   1   1   │
       └                          ├ B
       ┌ 11          1            │
    A  │                          ┘
       └ 10                       ┐ B̄
               D̄    D    D̄
                              B·C·D
```

答えは，$Z = \overline{A} \cdot B + B \cdot C \cdot D$ となります．

〈答え $Z = \overline{A} \cdot B + B \cdot C \cdot D$〉

カルノー図の簡単化をまとめると，次のようになります．

(1) 与えられた論理式（主加法標準形）の変数の個数により，該当する変数の個数のカルノー図を描きます．
(2) 論理式の各項に該当する箇所に「1」を記入していきます．
(3) 重複してもよいので，2^n 個の個数（1，2，4，8，16個）の四角形で1

を囲んでいきます．四角形で囲む際には，なるべく少ない囲みの数になるように，なるべく大きく囲むことが必要になります．なお，カルノー図の縁の線は，反対側の縁の線と隣接しているものと考えて，囲んでいきます．

(4) カルノー図の各変数の領域をもとに，四角形の囲みの各式を求めます．

(5) 四角形の囲みの各式の論理和が，求める式となります．

カルノー図の簡単化の特徴としては

・簡単化されるようすが直感的に，かつ視覚的にわかりやすい
・4変数以下の場合には対応できるが，変数の個数が5個以上になった場合に取り扱いにくくなる

などが挙げられます．

まとめ

　通常，カルノー図といえばこの4変数カルノー図が有名です．今回は，この4変数カルノー図の簡単化手法をみてきました．この手法は非常に大事なので，ぜひ，この簡単化に慣れていただきたいと思います．

3-6 クワイン・マクラスキ法による簡単化

キーポイント

前節までのカルノー図の簡単化手法では，どちらかというと図形を埋めていく形で回路の簡単化を進めてきました．本節で取り扱うクワイン・マクラスキ法は，表を埋めていく形で回路の簡単化を進めていく方法となります．本節では，クワイン・マクラスキ法について解説します．

本節では，クワイン・マクラスキ法による簡単化を見ていきます．カルノー図の簡単化では4変数を超えると，簡単化の扱いが難しくなっていました．これに対し，クワイン・マクラスキ法では，4変数を超えた場合でも取り扱うことができる特徴があり，計算機上でも処理できるような方法となっています．まずは，例題をもとに，クワイン・マクラスキ法の簡単化の方法をみていきます．

例題 5

〈クワイン・マクラスキ法による簡単化〉

論理関数 Z が以下の主加法標準形の式で与えられています．この Z の論理式を，クワイン・マクラスキ法を用いて簡単化しなさい．

$$Z = \overline{A}\cdot B\cdot\overline{C}\cdot\overline{D} + \overline{A}\cdot B\cdot\overline{C}\cdot D + \overline{A}\cdot B\cdot C\cdot D + \overline{A}\cdot B\cdot C\cdot\overline{D} + A\cdot B\cdot C\cdot D$$

解答

(1) まず，Z の各項について，たとえば，$\overline{A}$ は 0，A は 1 というように，否定形であれば 0 とし，そうでなければ 1 として表記しなおします．そのうえで，1 の個数ごとにグループ分けして，次のような第 1 のリストを作成します．

10進＼論理変数	A	B	C	D
1の個数が1　　 4	0	1	0	0
1の個数が2　　 5	0	1	0	1
6	0	1	1	0
1の個数が3　　 7	0	1	1	1
1の個数が4　　15	1	1	1	1

第1のリスト

(2) 次に，上記の第1のリストにおいて，となり合うグループの1と0をそれぞれ比較して，1か所だけ違う部分があるかどうかを探します．もし，となり合うグループで，1か所だけ違う部分が見つかれば，その箇所を「－」と表記したものをリストの右端に記入し，チェック印をつけます．

10進＼論理変数	A	B	C	D		
1の個数が1　　 4	0	1	0	0	✓	0 1 0 － (4,5)
1の個数が2　　 5	0	1	0	1	✓	0 1 － 0 (4,6)
6	0	1	1	0	✓	0 1 － 1 (5,7)
1の個数が3　　 7	0	1	1	1	✓	0 1 1 － (6,7)
1の個数が4　　15	1	1	1	1	✓	－ 1 1 1 (7,15)

第1のリストに追記したもの

(3) さらに，第1のリストの追記した部分をもとに第2のリストを作成し，第1のリストと同様の追記を行います．

論理変数 10進	A	B	C	D	
1の個数が1 { 4,5	0	1	0	−	✓
4,6	0	1	−	0	✓
1の個数が2 { 5,7	0	1	−	1	✓
6,7	0	1	1	−	✓
1の個数が3 { 7,15	−	1	1	1	

0 1 − − (4,5,6,7)
0 1 − − (4,6,5,7)

$\alpha = B \cdot C \cdot D$

(4) 次に，第2のリストの追記した部分をもとに第3のリストを作成し，第1のリストと同様の追記を行います．

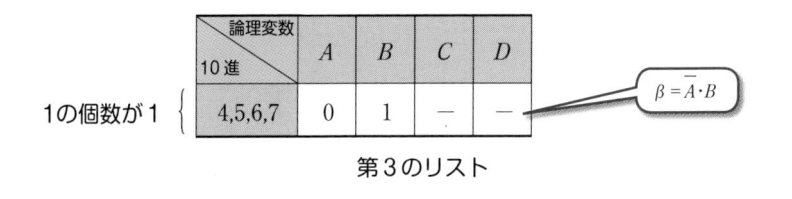

論理変数 10進	A	B	C	D
1の個数が1 { 4,5,6,7	0	1	−	−

$\beta = \bar{A} \cdot B$

第3のリスト

(5) チェック印のついていない項に，記号 α，β，γ……をつけて主項と呼びます．主項は，0の欄の論理変数を否定形とし，1の欄の論理変数をそのままとし，各論理変数の論理積をとった値とします．ただし，「−」の欄の論理変数を省略した形の式にします．次に，主項をまとめた主項表を作成します．主項表とは，最小項（10進）を横軸として，主項 α，β，γ……を縦軸にとった表になります．

主項を作成する際に，使われた最小項（10進）をチェック印で記入していきます．すべての最小項（10進）にチェック印が入るように，主項を選びます．主項表の中で，各最小項（10進）から下向きにチェック印を探した際，チェック印が一つしかない部分は必須項と呼ばれ，必ず入れなければならない主項となります．必須項には，丸印を付けます．必須項以外では，主項の選択肢が複数できますが，なるべく少ない主項で構成できるように主

項を選んでいきます．今回の例題では，二つの主項とも必須項となりますので，この主項の和が求める式となります．

主項表

主項＼最小項(10進)	4	5	6	7	15
$\alpha = B \cdot C \cdot D$				✓	⊙
$\beta = \overline{A} \cdot B$	⊙	⊙	⊙	✓	

（丸で囲んでいる箇所は，必須項を示します）

〈答え　$Z = \alpha + \beta = \overline{A} \cdot B + B \cdot C \cdot D$〉

練習問題

① 論理回路が，表1の真理値表で与えられたものとする．このとき，出力Zの論理式を主加法標準形と主乗法標準形の両方の形でそれぞれ示しなさい．

② （図1）のカルノー図の"1"を四角形に囲み，出力Zの式を求めなさい．

③ （図2）のカルノー図の"1"を四角形に囲み，出力Zの式を求めなさい．

（表1） 真理値表

A	B	C	Z
0	0	0	1
0	0	1	1
0	1	0	0
0	1	1	0
1	0	0	1
1	0	1	0
1	1	0	1
1	1	1	0

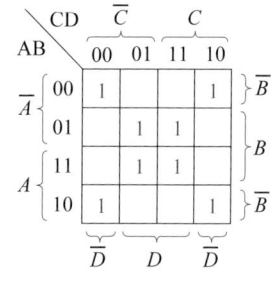

（図1） 4変数カルノー図

（図2） 4変数カルノー図

④ 回路の出力が

$$Z = \overline{A}\cdot\overline{B}\cdot\overline{C}\cdot D + \overline{A}\cdot\overline{B}\cdot C\cdot D + \overline{A}\cdot B\cdot\overline{C}\cdot\overline{D} + \overline{A}\cdot B\cdot\overline{C}\cdot D + \overline{A}\cdot B\cdot C\cdot D$$
$$+ \overline{A}\cdot B\cdot C\cdot\overline{D} + A\cdot B\cdot\overline{C}\cdot D + A\cdot B\cdot C\cdot D + A\cdot\overline{B}\cdot\overline{C}\cdot D + A\cdot\overline{B}\cdot C\cdot D$$

で与えられるとします．

このとき，カルノー図を用いて簡単化し，簡単化後の出力Zの論理式を求めなさい．

⑤ 論理関数Zが以下の主加法標準形の式で与えられています．このZの論理式を，クワイン・マクラスキ法を用いて簡単化しなさい．

$$Z = \overline{A}\cdot\overline{B}\cdot C\cdot D + \overline{A}\cdot B\cdot C\cdot D + A\cdot\overline{B}\cdot\overline{C}\cdot D + A\cdot B\cdot\overline{C}\cdot D + A\cdot B\cdot C\cdot D$$

4章

組合せ論理回路

ディジタル回路では，要素的な論理ゲートを組み合わせることで，さまざまな回路を構成できます．論理ゲートを組み合わせることで，構成されるディジタル回路のことを組合せ論理回路と呼んでいます．本章では，組合せ論理回路のなかでも代表的な回路をみていきます．

足し算や引き算を行うための回路として，加算回路や減算回路があります．値を比較する回路として，比較回路（コンパレータと呼ばれます）があります．値を2進数で表したときに，1の個数を数えて，1が偶数個あるか奇数個あるかを判断するパリティ回路があります．このパリティ回路は，データに誤りがあるかどうかを判定するために用いられます．ここでは，さまざまな回路についてみていきます．

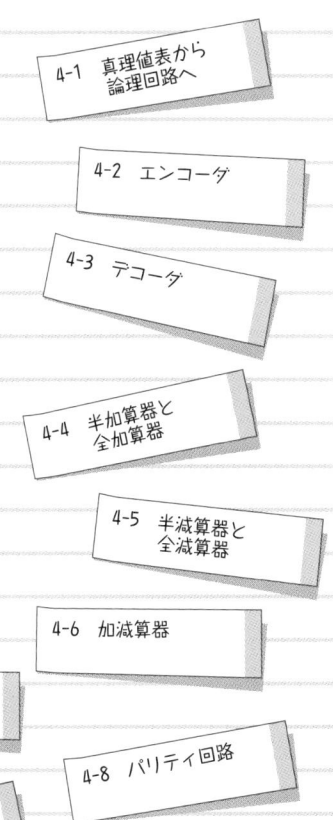

4-1 真理値表から論理回路へ

4-2 エンコーダ

4-3 デコーダ

4-4 半加算器と全加算器

4-5 半減算器と全減算器

4-6 加減算器

4-7 コンパレータ

4-8 パリティ回路

4-9 マルチプレクサ

4-1 真理値表から論理回路へ

キーポイント

3章では，真理値表の簡単化をみてきました．実際にディジタル回路を設計するときには真理値表から，回路構成を考え回路を設計しなければなりません．ここでは論理式を簡単化し，真理値表から具体的な回路を作成する方法について学習しましょう．

本章では，真理値表から論理回路を構成する例をいくつかみていきます．
たとえば，3入力の多数決回路を考えてみましょう．3入力の多数決回路の真理値表は，以下の**表4・1**のようになります．

表4・1■3入力の多数決回路の真理値表

入 力			出 力
A	B	C	Z
0	0	0	0
0	0	1	0
0	1	0	0
0	1	1	1
1	0	0	0
1	0	1	1
1	1	0	1
1	1	1	1

主加法標準形を用いてZの論理式を求めます．式変形を用いて簡単化を試みると次のようになります．

$Z = \overline{A} \cdot B \cdot C + A \cdot \overline{B} \cdot C + A \cdot B \cdot \overline{C} + A \cdot B \cdot C$
$ = \overline{A} \cdot B \cdot C + A \cdot \overline{B} \cdot C + A \cdot B \cdot \overline{C} + A \cdot B \cdot C + A \cdot B \cdot C + A \cdot B \cdot C$
$ = (\overline{A} + A) \cdot B \cdot C + (\overline{B} + B) \, A \cdot C + A \cdot B \cdot (\overline{C} + C)$
$ = A \cdot B + B \cdot C + C \cdot A$

このZの式は，カルノー図を用いて簡単化することで，**図4・1**のように求めることができます．

3入力の多数決回路は，**図4・2**のように表されることになります．

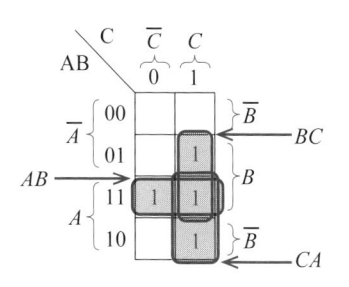

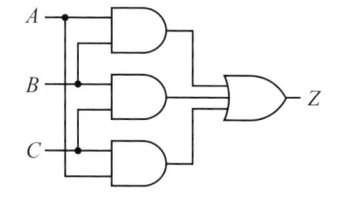

図4・1 3入力の多数決回路のカルノー図

図4・2 3入力の多数決回路

まとめ

　ここでは，真理値表から回路を作成する方法についてみてきました．3入力の多数決回路を真理値表から組み上げていくことで，回路の作り方の流れが確認できたと思います．

4-2 エンコーダ

キーポイント

本節では，エンコーダの特徴を学習します．エンコーダは，多数入力を少数出力に変換する回路です．

エンコーダは，符号器とも呼ばれます．エンコーダの特徴は，入力の個数に対し出力の個数が少なくできることです．ここでは，エンコーダの例として10進数の値を2進数に変換する回路例を紹介します．以下の例題をもとにエンコーダ回路を考えていきます．

例題 1

〈10進-2進変換エンコーダ回路〉

図のように，10進数の「1」～「7」のラベルが付いた7本の入力線があり，それぞれの入力線から論理値(1または0)の信号が入力されるものとします．ただし，通常は，すべての入力線で0が入力されていて，その中から1か所だけ1を入力することが許されているものとします．7本ある入力線から1か所だけ1が入力された際，その入力線のラベルの10進数値に対応した2進数値 CBA を出力するようなエンコーダ回路を設計しなさい．ただし，同時に2か所以上の入力線で1が入力されることはないものとします．また，すべての入力が0のときは000を出力するものとします．

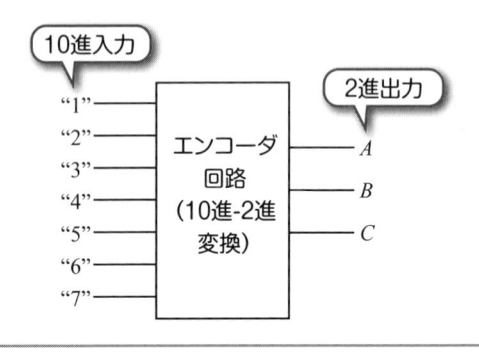

解答 (1)まず，エンコーダ回路（10進数-2進数変換）の真理値表を作成します．

真理値表は以下のようになります．

エンコーダ回路(10進数-2進数変換)の真理値表

入力（10進数）	出力（2進数）		
	C	B	A
"1"	0	0	1
"2"	0	1	0
"3"	0	1	1
"4"	1	0	0
"5"	1	0	1
"6"	1	1	0
"7"	1	1	1

(2) 次に，(1)の表をもとに，C，B，A の論理式を求めます．C，B，A のそれぞれの列の1の箇所を確認し，1の箇所の入力値の論理和をとることで，論理式が求まります．

〈エンコーダ回路（10進数-2進数変換）の論理式〉

$A =$ "1" $+$ "3" $+$ "5" $+$ "7"
$B =$ "2" $+$ "3" $+$ "6" $+$ "7"
$C =$ "4" $+$ "5" $+$ "6" $+$ "7"

(3) (2)の論理式をもとに，エンコーダ回路（10進数-2進数変換）の回路図を描くと以下のようになります．

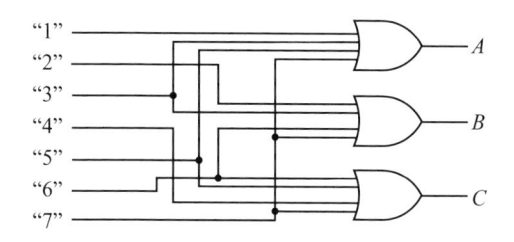

まとめ

ここでは，エンコーダ回路の例として，10進数を2進数に変換する回路をみてきました．

4-3 デコーダ

キーポイント

ここでは，デコーダの特徴を見ていきます．デコーダ回路では，少数入力を多数出力に変換することができます．

デコーダは，復号器とも呼ばれます．デコーダの特徴は，入力の数に対して，出力の数が多くなることです．ここでは，デコーダの例として2進数の値を10進数に変換する回路例を紹介します．以下の例題をもとにデコーダ回路を考えていきます．

例題 2

〈2進-10進変換デコーダ回路〉

次の図のように，2進数の入力 CBA が入力されるとき，入力値に対応した10進数のラベルの該当出力線に出力信号1が出力されるようなデコーダ回路 (2進-10進変換) を設計しなさい．出力側には，それぞれ10進数の「1」〜「7」のラベルが付いた7本の出力線があるものとします．出力側は，通常，すべて0を出力していて，2進入力値に該当する1か所のみ出力が1になるようにします．ただし，同時に2か所以上の出力線から1が出力されることはないものとします．また，すべての入力が0のとき，出力はすべて0となることとします．

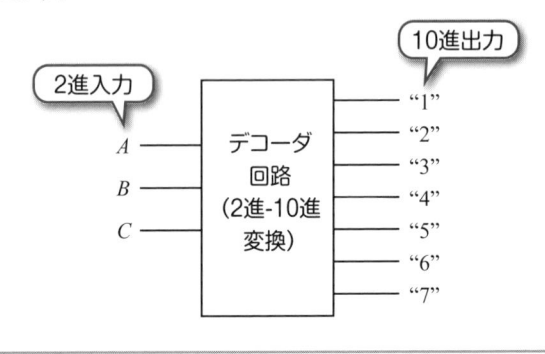

```
                  ┌─────────┐     "1"
   2進入力         │         │──── "2"
                  │ デコーダ │──── "3"
      A ─────────│  回路   │──── "4"
      B ─────────│(2進-10進)│──── "5"
      C ─────────│  変換   │──── "6"
                  │         │──── "7"
                  └─────────┘
                               10進出力
```

解答

(1) まず,デコーダ回路(2進数-10進数変換)の真理値表を作成します.

真理値表は以下のようになります.

デコーダ回路(2進数-10進数変換)の真理値表

入力 (2進数)			出力 (10進数)						
C	B	A	"1"	"2"	"3"	"4"	"5"	"6"	"7"
0	0	0	0	0	0	0	0	0	0
0	0	1	1	0	0	0	0	0	0
0	1	0	0	1	0	0	0	0	0
0	1	1	0	0	1	0	0	0	0
1	0	0	0	0	0	1	0	0	0
1	0	1	0	0	0	0	1	0	0
1	1	0	0	0	0	0	0	1	0
1	1	1	0	0	0	0	0	0	1

(2) 次に,(1)の表をもとに,"1"〜"7"の論理式を求めます."1"〜"7"のそれぞれの列の1の箇所を確認し,1の箇所の入力値の最小項をとることで論理式が求まります.

〈デコーダ回路(2進数-10進数変換)の論理式〉

"1" $= \overline{C} \cdot \overline{B} \cdot A$ "2" $= \overline{C} \cdot B \cdot \overline{A}$ "3" $= \overline{C} \cdot B \cdot A$

"4" $= C \cdot \overline{B} \cdot \overline{A}$ "5" $= C \cdot \overline{B} \cdot A$ "6" $= C \cdot B \cdot \overline{A}$

"7" $= C \cdot B \cdot A$

(3) 上記の論理式をもとに,デコーダ回路(2進数-10進数変換)の回路図を描くと以下のようになります.

まとめ

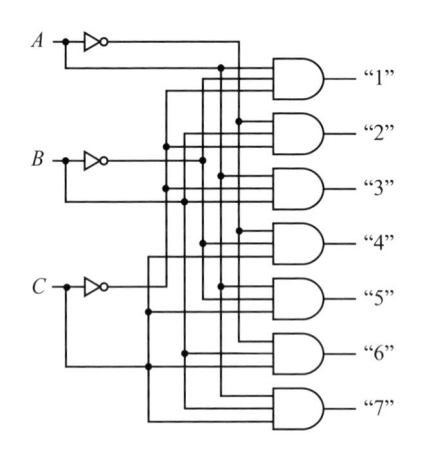

ここでは，デコーダ回路の例として，2進数を10進数に変換する回路を見てきました．

4-4 半加算器と全加算器

キーポイント

本節では，半加算器と全加算器について学習します．どちらも，2進数の1けた分の足し算をする回路ですが，半加算器は，前のけたからのけた上りを考慮していない，いわば「半人前」の回路のことです．一方の全加算器は，前のけたからのけた上りも考慮しており，「一人前」の機能を有しています．

1 半加算器とは

図 4·3 のように，2進数の1けた A と B を入力として，A と B の足し算を行う回路を半加算器 HA（Half Adder）と呼びます．半加算器の出力は，足し算の結果 S（Sum）と，桁上がり C（Carry）になります．

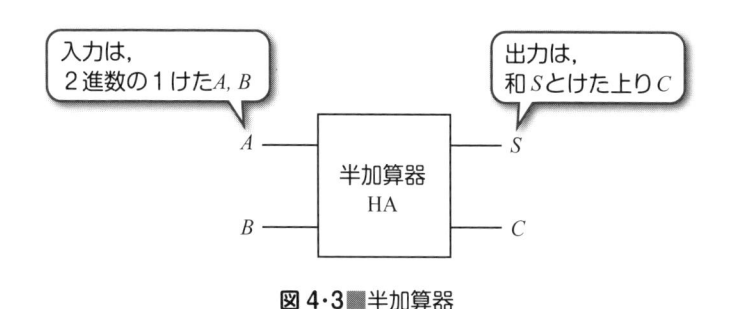

入力は，2進数の1けたA, B

出力は，和Sとけた上りC

図 4·3 ■ 半加算器

半加算器の真理値表を考えると，以下の**表 4·2** のようになります．

表 4·2 ■ 半加算器の真理値表

入力（2進数1けた分）		出力（和 S とけた上り C）	
A	B	C	S
0	0	0	0
0	1	0	1
1	0	0	1
1	1	1	0

真理値表をもとに半加算器の論理式を考えると，次のようになります．

〈半加算器の論理式〉

$C = A \cdot B$

$S = \overline{A} \cdot B + A \cdot \overline{B}$

ここで，$S = \overline{A} \cdot B + A \cdot \overline{B}$ の式は，排他的論理和（Exclusive OR）とも呼ばれ，排他的論理和の記号（⊕）を用いると，$S = \overline{A} \cdot B + A \cdot \overline{B} = A \oplus B$ と書くことができます．

排他的論理和（Exclusive OR）S の回路図は，**図 4・4** のようになります．

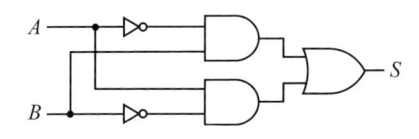

図 4・4■排他的論理和(Exclusive OR)Sの回路図(1)

排他的論理和（Exclusive OR）S の回路図は，**図 4・5** のように簡便に描くこともできます．

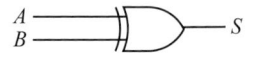

図 4・5■排他的論理和(Exclusive OR)Sの回路図(2)

以上より，半加算器の回路図は，**図 4・6** のように描くことができます．図(a)は，AND，OR および NOT で構成された半加算器で，図(b)は，排他的論理和（Exclusive OR）および AND により構成された半加算器となります．

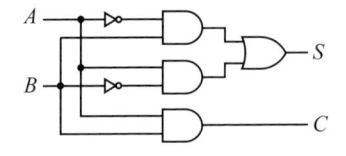

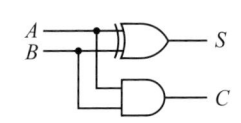

(a) AND，OR，NOTによる半加算器　　(b) Exclusive ORとANDによる半加算器

図 4・6■半加算器の回路図

上記をふまえ，半加算器をブロック図で描くと**図4・7**のようになります．

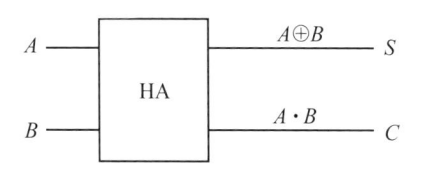

図4・7■半加算器のブロック図

2 全加算器

半加算器では，2進数の1けた目の足し算はできますが，2けた目以降の足し算はできない状況です．2進数の2けた目以降の足し算では，前の桁からのけた上りも入力に加わるので3入力で考える必要が出てきます．そのため，2進数の1けた分の足し算をきちんと実施するためには半加算器では機能が足りず，本項で述べる全加算器FA（Full Adder）が必要となります．

図4・8のように，全加算器の入力側では2進数の1けた分 A，B および前のけたからのけた上り C_i の3入力となります．一方，全加算器の出力側では，半加算器と同様に，和 S（Sum）と次の桁への桁上がり C_o（Carry）の2出力となります．

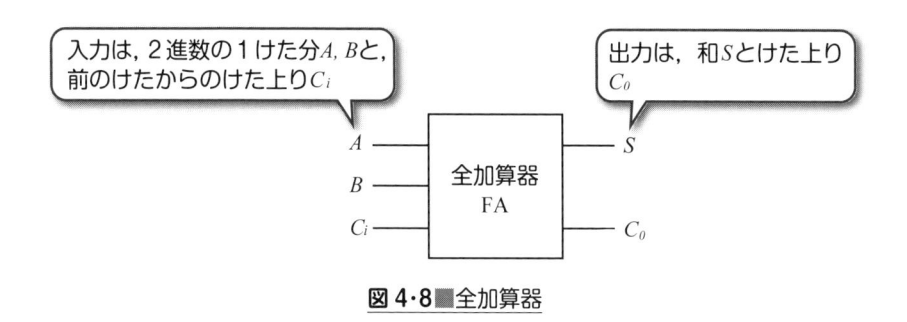

入力は，2進数の1けた分 A，B と，前のけたからのけた上り C_i

出力は，和 S とけた上り C_o

図4・8■全加算器

全加算器の真理値表は、**表 4・3** のようになります.

表 4・3 ■全加算器の真理値表

入　力 (2進数1けた分 A,B と前のけたからのけた上り C_i)			出　力 (和 S と, 次のけたへのけた上り C_o)	
A	B	C_i	C_o	S
0	0	0	0	0
0	0	1	0	1
0	1	0	0	1
0	1	1	1	0
1	0	0	0	1
1	0	1	1	0
1	1	0	1	0
1	1	1	1	1

真理値表をもとに全加算器の論理式を考えると，次のようになります.

〈全加算器の論理式〉

$$
\begin{aligned}
C_o &= \overline{A} \cdot B \cdot C_i + A \cdot \overline{B} \cdot C_i + A \cdot B \cdot \overline{C_i} + A \cdot B \cdot C_i \\
&= \overline{A} \cdot B \cdot C_i + A \cdot \overline{B} \cdot C_i + A \cdot B \cdot \overline{C_i} + A \cdot B \cdot C_i + A \cdot B \cdot C_i + A \cdot B \cdot C_i \\
&= (\overline{A} + A) \cdot B \cdot C_i + (\overline{B} + B) \, A \cdot C_i + A \cdot B \cdot (\overline{C_i} \cdot C_i) \\
&= A \cdot B + B \cdot C_i + C_i \cdot A
\end{aligned}
$$

あるいは，

$$
\begin{aligned}
C_o &= \overline{A} \cdot B \cdot C_i + A \cdot \overline{B} \cdot C_i + A \cdot B \cdot \overline{C_i} + A \cdot B \cdot C_i \\
&= (\overline{A} \cdot B + A \cdot \overline{B}) \cdot C_i + A \cdot B \cdot (\overline{C_i} + C_i) \\
&= A \cdot B + (A \oplus B) \cdot C_i
\end{aligned}
$$

$$
\begin{aligned}
S &= \overline{A} \cdot \overline{B} \cdot C_i + \overline{A} \cdot B \cdot \overline{C_i} + A \cdot \overline{B} \cdot \overline{C_i} + A \cdot B \cdot C_i \\
&= (\overline{A} \cdot B + A \cdot \overline{B}) \cdot \overline{C_i} + (A \cdot B + \overline{A} \cdot \overline{B}) \cdot C_i \\
&= (\overline{A} \cdot B + A \cdot \overline{B}) \cdot \overline{C_i} + (A \cdot B + \overline{A} \cdot \overline{B} + A \cdot \overline{A} + B \cdot \overline{B}) \cdot C_i \\
&= (\overline{A} \cdot B + A \cdot \overline{B}) \cdot \overline{C_i} + (A \cdot (\overline{A} + B) + (\overline{A} + B) \cdot \overline{B}) \cdot C_i \\
&= (\overline{A} \cdot B + A \cdot \overline{B}) \cdot \overline{C_i} + ((\overline{A} + B) \cdot (A + \overline{B})) \cdot C_i \\
&= (\overline{A} \cdot B + A \cdot \overline{B}) \cdot \overline{C_i} + (\overline{\overline{(\overline{A} + B)} + \overline{(A + \overline{B})}}) \cdot C_i \\
&= (\overline{A} \cdot B + A \cdot \overline{B}) \cdot \overline{C_i} + (\overline{(A \cdot \overline{B}) + (\overline{A} \cdot B)}) \cdot C_i \\
&= (A \oplus B) \cdot \overline{C_i} + \overline{(A \oplus B)} \cdot C_i \\
&= (A \oplus B) \oplus C_i \\
&= A \oplus B \oplus C_i
\end{aligned}
$$

ここで，$S = A \oplus B \oplus C_i$ の式は，3入力の排他的論理和（Exclusive OR）となります．多入力の排他的論理和（Exclusive OR）の定義は，「入力値の1の個数が奇数個あった場合には1を出力し，そうでない場合は0を出力する」となります．

3入力の排他的論理和（Exclusive OR）S の回路図は**図4・9**のようになります．

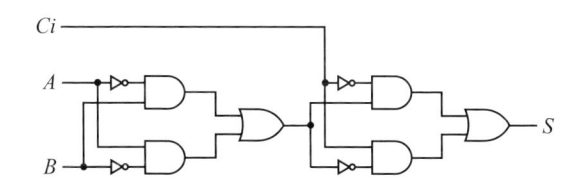

図4・9 ■3入力の排他的論理和（Exclusive OR）S の回路図(1)

3入力の排他的論理和（Exclusive OR）S の回路図は，**図4・10**のように簡便に描くこともできます．

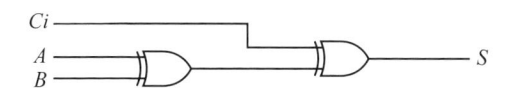

図4・10 ■3入力の排他的論理和（Exclusive OR）S の回路図(2)

全加算器の C_o は，$C_o = A \cdot B + B \cdot C_i + C_i \cdot A = A \cdot B + (A \oplus B) \cdot C_i$ で表され，3入力の多数決回路とも呼ばれています．3入力の値のうち，1の個数が多ければ1を出力し，0の個数が多ければ0を出力します．

以上より，全加算器の回路図は，**図4・11**のように描くことができます．図(a)はAND，OR および NOT で構成された全加算器で，図(b)は排他的論理和（Exclusive OR），AND および OR により構成された全加算器となります．

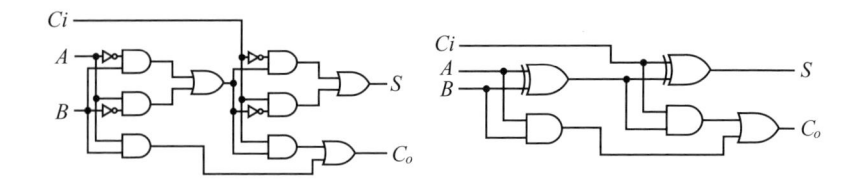

(a) AND, OR, NOTによる全加算器　　　(b) Exclusive ORとANDによる全加算器

図4・11■全加算器の回路図

また，**図4・12**のように半加算器2個と論理和1個を用いることで，全加算器を構成することができます．

$$S = (A \oplus B) \oplus C_i$$
$$C_o = A \cdot B + (A \oplus B) \cdot C_i$$

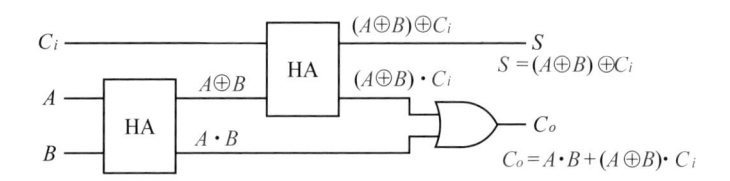

図4・12■全加算器のブロック図

まとめ

本節では，半加算器と全加算器についてみてきました．半加算器を二つ用いることで，全加算器を構成することができます．

4-5 半減算器と全減算器

キーポイント

本節では,半減算器と全減算器について学習します.どちらも2進数の1けた分の引き算をする回路ですが,半減算器は,前のけたからのけた借りを考慮していない,いわば,「半人前」の回路のことです.一方の全減算器は,前のけたからのけた借りも考慮しており,「一人前」の機能を有しています.

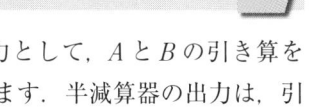

1 半減算器とは

図 4・13 のように,2進数の1けた A と B を入力として,A と B の引き算を行う回路を半減算器 HS (Half Subtractor) と呼びます.半減算器の出力は,引き算の結果(差)D (Difference) と,次のけたからのけた借り B_o (Borrow) とになります.

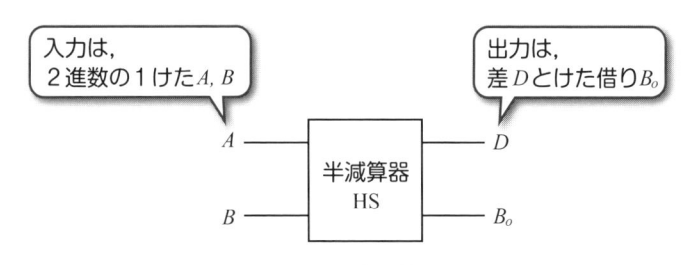

図 4・13 ■半減算器

半減算器の真理値表は**表 4・4** のようになります.ここでは,引き算において,A から B を引く引き算を行うものとします.

表 4・4 ■半減算器の真理値表

入力(2進数1けた分)		出力(差 D とけた借り B_o)	
A	B	D	B_o
0	0	0	0
0	1	1	1
1	0	1	0
1	1	0	0

真理値表をもとに半減算器の論理式を考えると，次のようになります．

〈半減算器の論理式〉

$$D = \overline{A} \cdot B + A \cdot \overline{B} = A \oplus B$$

$$B_o = \overline{A} \cdot B$$

この D と B_o の論理式より，半減算器の回路図は，**図 4・14**(a)(b)のように描くことができます．図(a)は AND，OR および NOT で構成された半減算器で，図(b)は排他的論理和（Exclusive OR）を用いた半減算器となります．

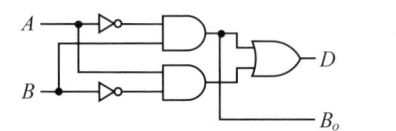

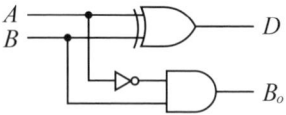

(a) AND, OR, NOTによる半減算器　　(b) Exclusive ORを用いた半減算器

図 4・14 ■半減算器の回路図

上記をふまえ，半減算器をブロック図で描くと**図 4・15** のようになります．

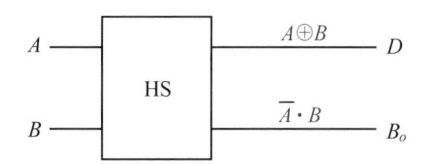

図 4・15 ■半減算器のブロック図

2　全減算器とは

半減算器は，2進数の1けた目の引き算はできますが，2けた目以降の引き算はできない状況です．2進数の2けた目以降の引き算では，前のけたからのけた借りも入力に加わるので，3入力で考える必要が出てきます．そのため，2進数の1けた分の引き算をきちんと実施するためには，半減算器では機能が足らず，本項で述べる全減算器 FS（Full Subtractor）が必要となります．

図 4・16 のように，全減算器の入力側では，2進数の1けた分 A，B および前のけたからのけた借り B_i も入れて，3入力となります．一方，全減算器の出力側では，半減算器と同様に，差 D（Difference）および次のけたへのけた借り B_o

(Borrow) の 2 出力となります．

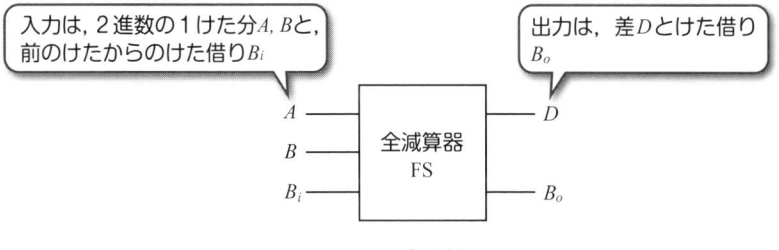

図 4・16 ■ 全減算器

入力は，2進数の1けた分 A, B と，前のけたからのけた借り B_i

出力は，差 D とけた借り B_o

全減算器の真理値表は**表 4・5**のようになります．ここでは，引き算において，AからBを引き，さらにB_iを引くように引き算を行うものとします．

表 4・5 ■ 全減算器の真理値表

入　力 (2進数1けた分 A, B と前のけたからのけた借り B_i)			出　力 (差 D と，次のけたへのけた借り B_o)	
A	B	B_i	D	B_o
0	0	0	0	0
0	0	1	1	1
0	1	0	1	1
0	1	1	0	1
1	0	0	1	0
1	0	1	0	0
1	1	0	0	0
1	1	1	1	1

真理値表をもとに全減算器の論理式を考えると，次のようになります．
＜全減算器の論理式＞

$$D = \overline{A}\cdot\overline{B}\cdot B_i + \overline{A}\cdot B\cdot\overline{B_i} + A\cdot\overline{B}\cdot\overline{B_i} + A\cdot B\cdot B_i$$
$$= (\overline{A}\cdot\overline{B} + A\cdot B)\cdot B_i + (\overline{A}\cdot B + A\cdot\overline{B})\cdot\overline{B_i}$$
$$= (\overline{A \oplus B})\cdot B_i + (A \oplus B)\cdot\overline{B_i}$$
$$= (A \oplus B) \oplus B_i$$
$$= A \oplus B \oplus B_i$$

ただし，$(\overline{A}\cdot\overline{B} + A\cdot B)$ を式変形すると，以下のように，$(\overline{A \oplus B})$ となります．

$$
\begin{aligned}
(\overline{A}\cdot\overline{B}+A\cdot B) &= (\overline{A}\cdot\overline{B}+A\cdot B+A\cdot\overline{A}+B\cdot\overline{B})=A\cdot(\overline{A}+B)+(\overline{A}+B)\cdot\overline{B}\\
&= ((\overline{A}+B)\cdot(A+\overline{B})) = (\overline{\overline{(\overline{A}+B)}+\overline{(A+\overline{B})}})\\
&= (\overline{(A\cdot\overline{B})+(\overline{A}\cdot B)})\\
&= (\overline{A\oplus B})
\end{aligned}
$$

$$
\begin{aligned}
B_o &= \overline{A}\cdot\overline{B}\cdot B_i + \overline{A}\cdot B\cdot\overline{B_i} + \overline{A}\cdot B\cdot B_i + A\cdot B\cdot B_i\\
&= \overline{A}\cdot\overline{B}\cdot B_i + \overline{A}\cdot B\cdot\overline{B_i} + \overline{A}\cdot B\cdot B_i + \overline{A}\cdot B\cdot B_i + A\cdot B\cdot B_i\\
&= \overline{A}\cdot B_i\cdot(\overline{B}+B) + \overline{A}\cdot B\cdot(\overline{B_i}+B_i) + B\cdot B_i\cdot(\overline{A}+A)\\
&= \overline{A}\cdot B_i + \overline{A}\cdot B + B\cdot B_i
\end{aligned}
$$

あるいは,

$$
\begin{aligned}
B_o &= \overline{A}\cdot\overline{B}\cdot B_i + \overline{A}\cdot B\cdot\overline{B_i} + \overline{A}\cdot B\cdot B_i + A\cdot B\cdot B_i\\
&= \overline{A}\cdot B\cdot(\overline{B_i}+B_i) + (\overline{A}\cdot\overline{B}+A\cdot B)\cdot B_i\\
&= \overline{A}\cdot B + (\overline{A}\cdot\overline{B}+A\cdot B)\cdot B_i\\
&= \overline{A}\cdot B + (\overline{A\oplus B})\cdot B_i
\end{aligned}
$$

$D = A \oplus B \oplus B_i$ の式は，3入力の排他的論理和（Exclusive OR）となり，全加算器の和Sと同じ形になりました．$B_o = \overline{A}\cdot B_i + \overline{A}\cdot B + B\cdot B_i$ や $B_o = \overline{A}\cdot B + (\overline{A\oplus B})\cdot B_i$ の式も，全加算器のキャリーC_oの式によく似ていますが，Aが否定形になっている部分が少し異なります．

以上より，全減算器の回路図は，**図 4・17** のように描くことができます．図(a)は，AND，OR および NOT で構成された半減算器で，図(b)は，排他的論理和（Exclusive OR）を用いた半減算器となります．

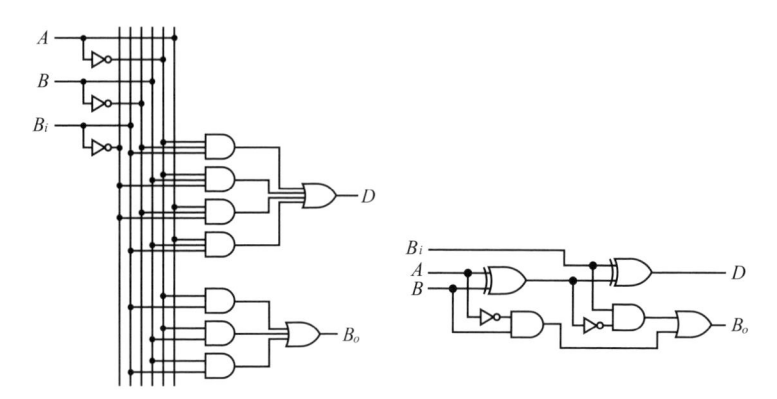

(a) AND, OR, NOTによる全減算器　　(b) Exclusive ORを用いた全減算器

図 4・17■全減算器の回路図

また，**図 4・18** のように半減算器 2 個と論理和 1 個を用いることで，全減算器を構成することができます．図では，半減算器 HS1 において，A から B を引くを計算しています．半減算器 HS2 では，下側から上側を引いていて $(A \oplus B)$ から B_i を引くを計算しています．

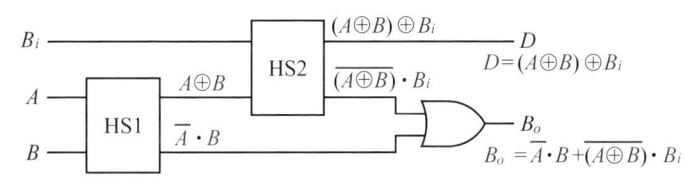

図 4・18 ■ 全減算器のブロック図

$D = (A \oplus B) \oplus B_i$

$B_o = \overline{A} \cdot B + \overline{(A \oplus B)} \cdot B_i$

まとめ

　本節では，半減算器と全減算器についてみてきました．半減算器を二つ用いることで，全減算器を構成することができます．

4-6 加減算器

キーポイント

本節では，加減算器について学習します．「2の補数」をうまく使うと，あるときは加算器，あるときは減算器として，加算，減算の切換えを行える回路を構成できます．これを加減算器と呼びます．

2進数では，**図4・19**のように，「2の補数」を用いることで，負数を表現する手法があります．「2の補数」とは，「1の補数」に1を足した数となります．「1の補数」とは，2進数の各けたの0と1を反転した数を指します．たとえば，「0011」の「1の補数」は，「1100」となります．そのため，「0011」の「2の補数」は，「1100」に1を足した，「1101」となります．この「2の補数」を用いて，引く数を「2の補数」に変換し加えることで，減算を加算器で計算する手法が知られています．たとえば，**図4・20**で「3－1」の減算を考えます．この減算は，引く数1を「2の補数」に置き換えると，

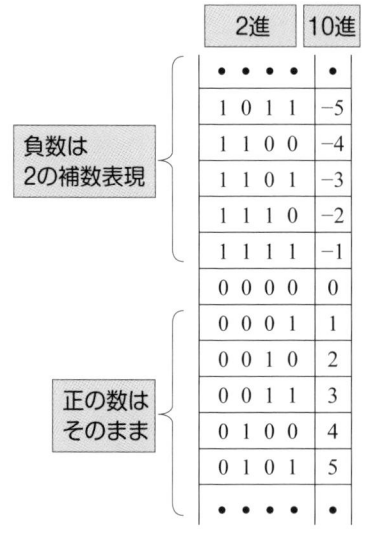

2進	10進
・・・・	・
1 0 1 1	−5
1 1 0 0	−4
1 1 0 1	−3
1 1 1 0	−2
1 1 1 1	−1
0 0 0 0	0
0 0 0 1	1
0 0 1 0	2
0 0 1 1	3
0 1 0 0	4
0 1 0 1	5
・・・・	・

負数は2の補数表現
正の数はそのまま

図4・19 2進数の負数（2の補数）表現

「3－1＝3＋(−1)＝3＋(1の負数「2の補数をとったもの」)」となり，加算器で計算することができるようになります．

減算
```
   0 0 1 1  ← 3
−)  0 0 0 1  ← 1
   0 0 1 0  ← 2
```

加算
```
    0 0 1 1  ← 3
+)  1 1 1 1  ← 1の負数
  1 0 0 1 0  ← 2
```

負の数は，「2の補数」をとったもの

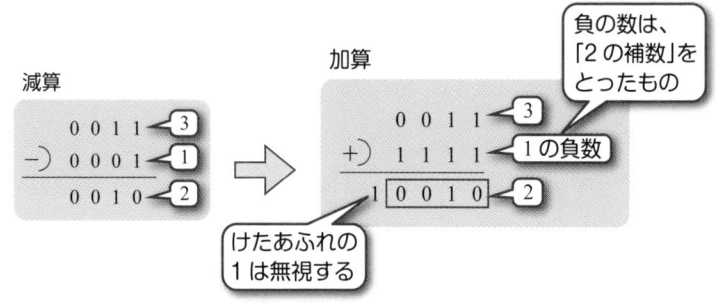

けたあふれの1は無視する

図4・20 減算を加算にする例

減算においては，引く数を「2の補数」表現を用いることで，減算を加算に置き換えることができます．

　図4・21に4けたの加減算器の回路例を示します．この加減算回路では，4けたの全加算器に外付けに排他的論理和回路（Exclusive OR回路）を四つ用いた回路になっています．$\overline{\text{FA}}$/FSを0にすることで，4けたのA_4, A_3, A_2, A_1に4けたのB_4, B_3, B_2, B_1を加算することができます．$\overline{\text{FA}}$/FSを1にすることで，四つの排他的論理和回路（Exclusive OR回路）とC_iにより，4けたのB_4, B_3, B_2, B_1が2の補数表現となり，減算が実現されます．

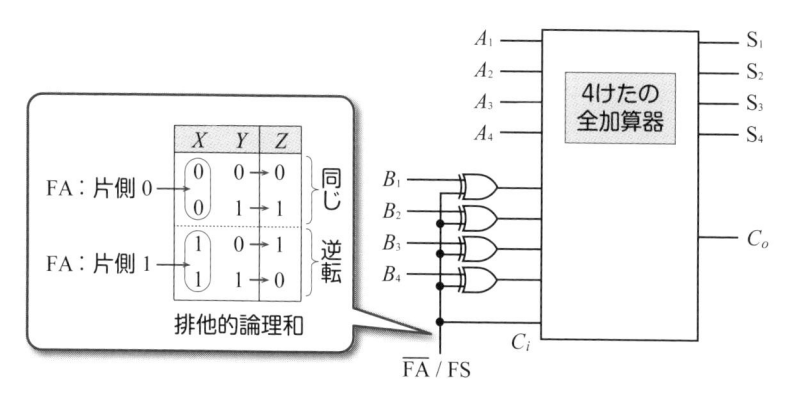

図4・21 加減算器の回路例

まとめ

　本節では，加減算器についてみてきました．加算と減算を切り換えて行える回路の仕組みを確認しました．

4-7 コンパレータ

キーポイント

本節では，コンパレータについて学習します．コンパレータでは，二つのディジタル値を比較することができます．

コンパレータは比較器とも呼ばれ，二つのディジタル値を比較し，一致しているかどうかを判断する回路です．コンパレータの種類によっては，大小の判定ができるものもあります．本節では，これらのコンパレータについてみていきます．まずは，1ビットのコンパレータ（**図4・22**）について，1ビットの値が一致しているかどうかのみを比較することを考えてみましょう．1ビットのコンパレータ（比較器）の真理値表では，一致のときは1，不一致の時は0が出力されると考えると，**表4・6**のようになります．この1ビットの比較器は，Exclusive NOR（排他的否定論理和）と呼ばれ，Exclusive OR（排他的論理和）の回路の否定をとったものとなります．

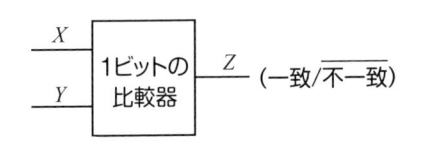

図4・22■1ビットの比較器

表4・6■真理値表(1ビットの比較器)

X	Y	Z
0	0	1
0	1	0
1	0	0
1	1	1

1ビットの比較器（一致しているかどうかのみを判定するもの）は，**図4・23**のように表されます．

$$z = \overline{x \oplus y} = \overline{x} \cdot \overline{y} + x \cdot y$$

図4・23■1ビットの比較器(Exclusive NOR)

次に，**図4・24**のような1ビットの比較器において，大小比較判定を含む場合を考えます．$x = y$の場合には$z_1 = 1$となり，$x > y$の場合には$Z_2 = 1$となり，$x < y$の場合には$Z_3 = 1$となる回路を考えます．真理値表を考えると**表4・7**のようになります．

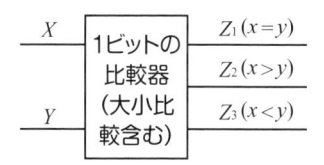

図 4·24 ■ 1ビットの比較器（大小比較を含む場合）

表 4·7 ■ 真理値表
（1ビットの比較器（大小比較を含む場合））

x	y	z_1 $(x=y)$	z_2 $(x>y)$	z_3 $(x<y)$
0	0	1	0	0
0	1	0	0	1
1	0	0	1	0
1	1	1	0	0

表 4·7 の真理値表から，z_1，z_2，z_3 の論理式を求めると，次のようになります．

$z_1 = \overline{x \oplus y} = \overline{x} \cdot \overline{y} + x \cdot y$

$z_2 = x \cdot \overline{y}$

$z_3 = \overline{x} \cdot y$

大小比較を含む場合における 1 ビットの比較器の回路図は，**図 4·25** のようになります．

$Z_1 = \overline{X \oplus Y}$ — $Z_1 : (X=Y)$ かどうか

$Z_2 = X \cdot \overline{Y}$ — $Z_2 : (X>Y)$ かどうか

$Z_3 = \overline{X} \cdot Y$ — $Z_3 : (X<Y)$ かどうか

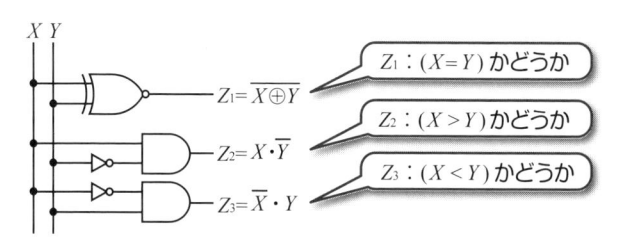

図 4·25 ■ 1ビットの比較器の回路図（大小比較を含む場合）

図4・26に4ビットの7485コンパレータの例を示します．この7485では，4ビットの比較器がIC化されています．たとえば，この4ビットのコンパレータを8ビットコンパレータとして使用する場合には，図のように $(A>B)$ 端子，$(A=B)$ 端子，$(A<B)$ 端子の入力側と出力側を接続するようにします．

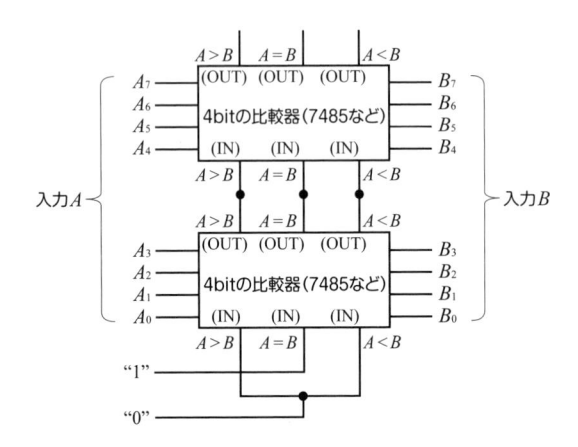

図4・26 4ビットの比較器(7485など)の接続例

アナログコンパレータ

ここでは，参考のため，アナログコンパレータについて解説します．

アナログコンパレータとは，アナログ比較器とも呼ばれ，**図 4・27** のように二つの電圧の大小を比較し，アナログ入力値が基準値よりも大きければ 1，小さければ 0 として，ディジタル値（0 または 1）の出力をします．アナログ値をディジタル値に変換する際の構成素子としても知られていて，1 ビットの A-D（アナログ - ディジタル）変換器と呼ばれています．

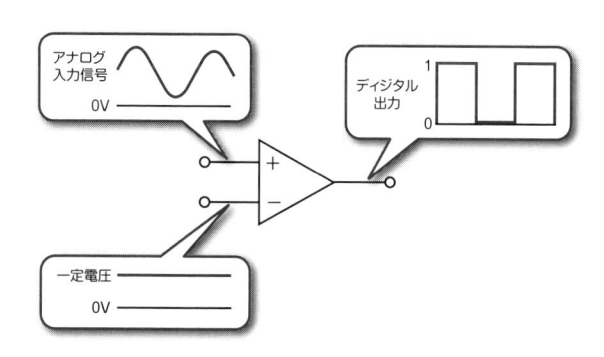

図 4・27 ■ アナログコンパレータ（アナログ比較器）

まとめ

本節では，コンパレータについてみてきました．排他的否定論理和回路（Exclusive NOR）をうまく用いることで，ビットの比較ができるようすが確認できます．

4-8 パリティ回路

キーポイント

本節では，パリティ回路について学習します．データのかたまりの中に1の個数が奇数個あるか，偶数個あるかを調べることができる回路です．

パリティとは，データの誤りを検出するために，1かたまりのデータの1の個数を数えて奇数個か偶数個かを判断する情報のことを指します．データ送信の場合には，データのパリティをチェックすることで，データに誤りがないかどうかを判断することが可能となります．1の個数が偶数個の場合を偶数パリティ，奇数個の場合を奇数パリティと呼びます．

もともと，排他的論理和（Exclusive OR）回路の定義では，「1の個数が奇数個であれば1を出力する」とありますので，この排他的論理和（Exclusive OR）の機能を用いてパリティ回路を構成することができます．

3ビットのパリティ回路を例に考えてみましょう（**図4・28**，**表4・8**）．

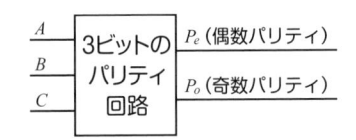

図4・28 ■ 3ビットのパリティ回路

表4・8 ■ 3ビットのパリティ回路の真理値表

入力(3入力)			出力		備　考
A	B	C	P_e(偶数パリティ，1の個数が偶数個)	P_o(奇数パリティ，1の個数が奇数個)	(3入力A,B,Cの中で，1の個数をカウント)
0	0	0	1	0	1の個数が0(偶数)
0	0	1	0	1	1の個数が1(奇数)
0	1	0	0	1	1の個数が1(奇数)
0	1	1	1	0	1の個数が2(偶数)
1	0	0	0	1	1の個数が1(奇数)
1	0	1	1	0	1の個数が2(偶数)
1	1	0	1	0	1の個数が2(偶数)
1	1	1	0	1	1の個数が3(奇数)

奇数パリティ P_o は，排他的論理和（Exclusive OR）の定義そのものなので，次式となります．

$$P_o = A \oplus B \oplus C$$

　偶数パリティ P_e は，奇数パリティ P_o の否定をとったものとなるので，次式となります．

$$P_e = \overline{A \oplus B \oplus C}$$

　奇数パリティ P_o，偶数パリティ P_e の回路図は**図4・29**のようになります．

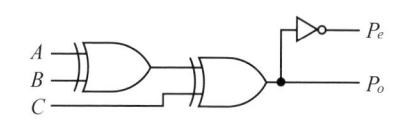

図4・29■3ビットのパリティ回路（Exclusive ORとNOTを用いたもの）

まとめ

　本節では，パリティ回路についてみてきました．排他的論理和回路をうまく用いることで，データの1の個数が奇数個あるかどうかがわかる回路となっています．

4-9 マルチプレクサ

キーポイント

本節では，マルチプレクサとデマルチプレクサを見ていきます．マルチプレクサは複数入力から一つを選んでつなぐ回路です．デマルチプレクサは，複数出力から一つを選んでつなぐ回路となります．

1 マルチプレクサとは

マルチプレクサは，複数の入力の中から一つを選んで，出力につなぐ回路のことを指します．複数の入力から，必要な入力を切り換えて使う場合に用いられます．ここでは，**図4・30**のような4入力のマルチプレクサについて考えてみましょう．

4入力マルチプレクサの回路は，AND回路，OR回路および2入力4出力のデコーダ回路を用いて，**図4・31**のように表せます．(S_1, S_0) の (00, 01, 10, 11) の4パターンの入力切換えにより，A, B, C, D のどの線を出力につなぐかを決定します．

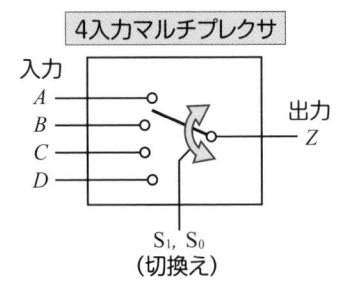

図4・30 ■ 4入力マルチプレクサ

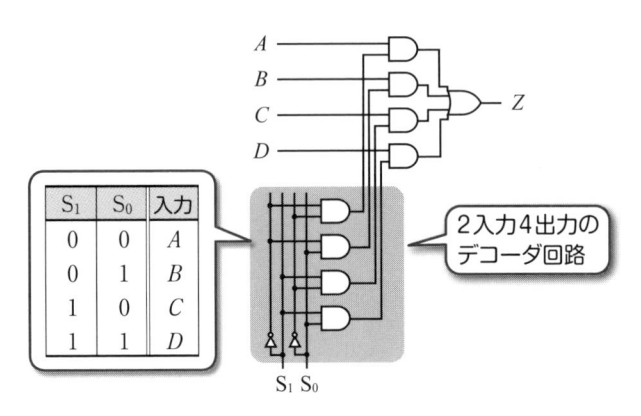

図4・31 ■ 4入力マルチプレクサ回路（AND, OR, 2入力4出力デコーダを用いた回路）

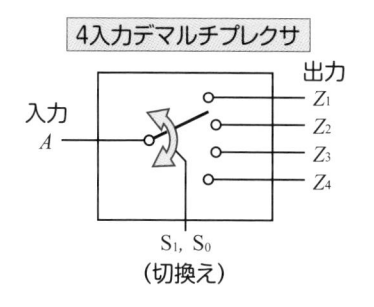

2 デマルチプレクサとは

デマルチプレクサは，**図4・32**のように1入力から複数出力場所に切り換えて，出力することができる回路のことです．複数の出力線から一つを選んで，出力できる回路のことを指します．ここでは，図4・32のような4出力のデマルチプレクサについて考えてみましょう．

4出力デマルチプレクサの回路は，AND回路，OR回路および2入力4出力のデコーダ回路を用いて，**図4・33**のように表せます．(S_1, S_0) の $(00, 01, 10, 11)$ の4パターンの入力切換えにより，Z_1, Z_2, Z_3, Z_4 のどの線の出力につなぐかを決定します．

図4・32 ■ 4出力デマルチプレクサ

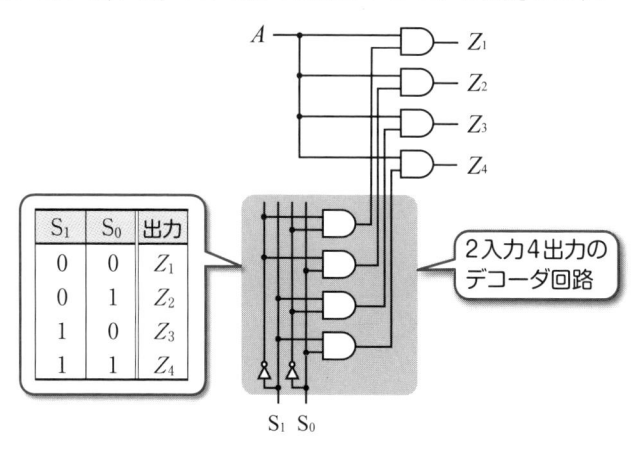

S_1	S_0	出力
0	0	Z_1
0	1	Z_2
1	0	Z_3
1	1	Z_4

図4・33 ■ 4出力デマルチプレクサ回路（AND, OR, 2入力4出力デコーダを用いた回路）

まとめ

本節では，マルチプレクサとデマルチプレクサをみてきました．どちらもデコーダ回路をうまく用いることで，目的の回路を構成することが確認できます．

練習問題

① 以下の真理値表について，この真理値表を満たす回路図を作成しなさい．ただし，カルノー図を用いて簡単化を行うこと．　　易☆★★難

真理値表

A	B	C	D	Z
0	0	0	0	0
0	0	0	1	0
0	0	1	0	0
0	0	1	1	0
0	1	0	0	0
0	1	0	1	1
0	1	1	0	0
0	1	1	1	1
1	0	0	0	1
1	0	0	1	1
1	0	1	0	1
1	0	1	1	1
1	1	0	0	1
1	1	0	1	1
1	1	1	0	1
1	1	1	1	1

② 以下の真理値表について，この真理値表を満たす回路図を作成しなさい．ただし，カルノー図を用いて簡単化を行うこと．　　易☆★★難

真理値表

A	B	C	D	Z
0	0	0	0	0
0	0	0	1	0
0	0	1	0	0
0	0	1	1	1
0	1	0	0	1
0	1	0	1	0
0	1	1	0	0
0	1	1	1	1
1	0	0	0	0
1	0	0	1	1
1	0	1	0	0
1	0	1	1	1
1	1	0	0	1
1	1	0	1	1
1	1	1	0	1
1	1	1	1	1

③ 全加算器は，次の図のように示され，「3入力の排他的論理和回路（Exclusive OR回路）」および「3入力の多数決回路」の二つの回路で構成される．次図の全加算器の回路を線で囲み，どの部分が「3入力の排他的論理和回路（Exclusive OR回路）」で，どの部分が「3入力の多数決回路」か示しなさい．

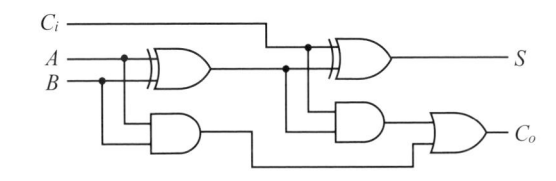

④ 以下の図のように2進数 $DCBA$ を10進数の "1" ～ "9" に変換するデコーダ回路を作成しなさい．

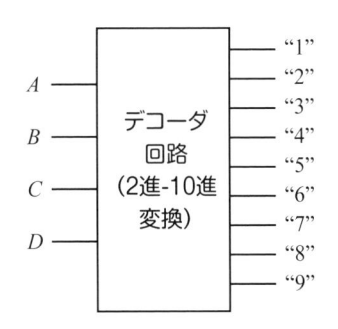

⑤ 以下の図のように 10 進数の"1"～"9"を 2 進数 $DCBA$ に変換するエンコーダ回路を作成しなさい．

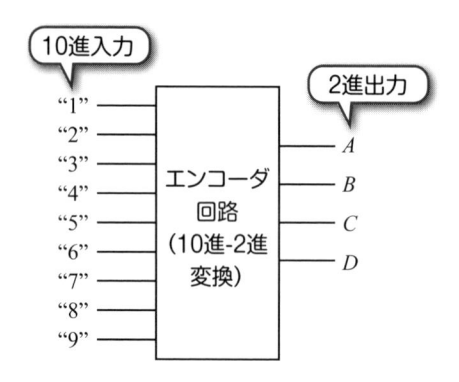

5章

順序回路の基礎

　実は，世の中にあるディジタル回路は，そのほとんどがこれまでに学んだ組合せ回路だけでは実現できません．ディジタル回路の設計には，本章で学ぶ順序回路の習得が不可欠です．では，今まで学んできたことは無駄なのでしょうか？　安心してください，順序回路は，組合せ回路と記憶回路とを組み合わせて実現するので，ここでも4章までの内容を活用します．

　本章では，まず，記憶回路をゲート回路でどのように実現するかを学びます．基本的な記憶回路であるRSラッチの構造と動作原理とを学びます．次に，現在主流の同期式順序回路に必要なクロック信号を学びます．クロック信号付の記憶回路としては，ラッチを使いやすくしたフリップフロップを用います．このフリップフロップの構造と動作を学びます．次に，順序回路の簡易的な設計法について，基本的なカウンタ（数を数える回路）の設計を例に学びます．最後に，実用的なカウンタを3種類学びます．

5-1　ラッチ

5-2　RSラッチの基本動作

5-3　RSラッチの応用

5-4　クロック入力付ラッチ

5-5　マスタスレーブ形フリップフロップ

5-6　エッジトリガ形Dフリップフロップ

5-7　さまざまなカウンタ

5-1 ラッチ

キーポイント

ディジタル回路の設計は，順序回路の設計までできて一人前です．前章までに学んだ組合せ回路と本節で学ぶ記憶素子とで順序回路を構成できます．本節では，まず，記憶素子の原理を学びます．次に，それを使いやすくしたラッチと呼ばれる記憶素子を学びます．これは，ゲート回路を2個組み合わせるだけで構成できます．まずは，記憶素子とラッチの構造と動作とを学びましょう．

1 バッファを用いて構成した記憶素子

1ビットの記憶（0か1か）を実現する回路の原理を考えてみましょう．**図5・1**(a)は，バッファを使った記憶素子の例です．バッファの出力を入力にフィードバックした回路で2進数1けた（1ビット）の記憶回路を実現できます．

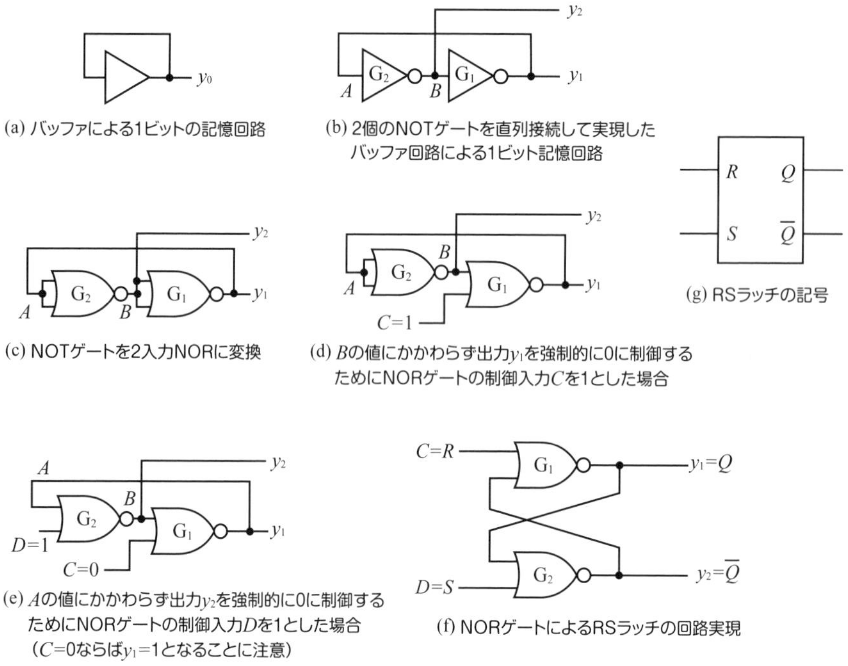

(a) バッファによる1ビットの記憶回路

(b) 2個のNOTゲートを直列接続して実現したバッファ回路による1ビット記憶回路

(c) NOTゲートを2入力NORに変換

(d) Bの値にかかわらず出力y_1を強制的に0に制御するためにNORゲートの制御入力Cを1とした場合

(e) Aの値にかかわらず出力y_2を強制的に0に制御するためにNORゲートの制御入力Dを1とした場合（$C=0$ならば$y_1=1$となることに注意）

(f) NORゲートによるRSラッチの回路実現

(g) RSラッチの記号

図5・1 RSラッチの原理

バッファは，1を入力して1を出力し，0を入力して0を出力します．論理的には意味がありません．しかし，電流増幅や信号遅延を減らすために，バッファはたくさん使われているのです．バッファは，図5・1(b)にあるようにNOTゲートを2個直列にして実現できるので，記憶回路はNOTゲート2個で実現できます．

動作原理は以下の通りです．

- 出力 $y_1 = 0$ のとき：出力が入力に接続されているので，$A = 0$ です．B は A の NOT なので1となり，y_1 は B の NOT なので $y_1 = 0$ となり出力は0のままで安定しています．
- 出力 $y_1 = 1$ のとき：$A = 1$，$B = 0$ となり，結局 $y_1 = 1$ のままで安定しています．

出力の値は，一度その値が決まればその値を保持し続けるので，記憶回路と考えてよいのです．しかし，この回路では，出力を強制的に1にして1を記憶させること，逆に出力を強制的に0にして0を記憶させることが自由にできません．

次に，出力 y_1 を強制的に1または0にする回路に変更してみましょう．

2 書換え可能な記憶素子への変更

図5・1(b)で構成した回路では，記憶の内容を自由に書き換えられません．書換え可能な回路に変更してみましょう．

> この図の書換えは，理解するのはちょいと難しいかもしれん．じゃが，本質を理解するには，一つひとつ確認するのが大事なんじゃ．難しければ，ここはさっと読み飛ばし，次のRSラッチの動作に先に進んでから，もう1回戻るとよいぞ．

図5・1(b)の y_1 を強制的に1にする機能を追加してみましょう．まず，図5・1(c)に示したようにNOTゲートを2入力NORゲートに置き換えます．NORゲートの真理値表（図1・23参照）を再確認しておきましょう．後段のNORゲート G_1 の入力線を1本引き出します．これに C と名前を付け，図5・1(d)に示すように変更します．これで，C に値を設定することで，y_1 の値を変更できるようになりました．たとえば，B の値にかかわらず，出力 y_1 を強制的に0に制御するには，$C = 1$ とすればよいのです．B の値の否定を y_1 に伝えるなら，$C = 0$ とすればよいわけです．

同様に，NORゲートG_2もAの値にかかわらずB（出力y_2）を強制的に0に制御できるようにしましょう．図5・1(e)を見てください．ゲートG_2の制御入力Dを1とすると，出力y_2をAの値にかかわらず0に制御できます．一方，Aの否定を出力y_2に出力するには，$D=0$とすればよいことを確認しましょう．

　最後に回路を見やすく書き直し，図5・1(f)に示します．このとき，y_1をQに，y_2を$\overline{Q}$と書き直します．また，$C=1$はQを0にする機能なのでReset (R) に，$D=1$はQを1にする機能なのでSet (S) と書き直します．この回路を**RSラッチ**（reset-set latch）と呼び，記号を図5・1(g)に示します．

5-2 RSラッチの基本動作

キーポイント

前節で記憶素子としてRSラッチの構造を学びました．本節では，その動作を理解し，使用上の注意も学びます．RSラッチは，これ以後に学ぶさまざまな記憶素子の内部にも使われている基本要素です．その原理をしっかり習得することが大事です．

NORゲート2個で構成したRSラッチで，0か1かの二つの状態を表現（記憶）できることがわかりました．ここでは，RSラッチの動作を確認します．

表5・1にRSラッチの動作を示します．まず，2入力NORゲートでは，入力の少なくとも1つが1になれば出力は0になることを思い出してください．表の$Q(t)$は，時刻tのときのQの値を意味しています．$Q(t+)$は，次の時刻のQの値を示しています．ここでは，ある時間を経過した時刻を$t+$と表記したとします．

> ある入力の変化により，出力は，①まったく変わらない，②変化した後に安定する，③いつまでも変化を続ける，のどれかになるのじゃ．ここでは，①か②のような変化をする回路のみを扱っている．時刻tに入力が変化したとき，このある一定時間が経過し値が決定した時刻のことを$t+$と表記すると理解しておけばよいぞ．

表5・1 ■ NORゲート2個で構成したRSラッチの動作

R (Reset)	S (Set)	$Q(t+)$	$\overline{Q}(t+)$	機　能
0	0	$Q(t)$	$\overline{Q}(t)$	保持
0	1	1	0	セット
1	0	0	1	リセット
1	1	0	0	使用禁止

まず，$R=1$，$S=0$に注目してください．これは，回路をリセットし，出力Qを0にするという指示です．次に$R=0$，$S=0$は，現在記憶している値を保持しなさいという指示です．ゲート回路に値を代入し，この動作を追跡しましょう．

図 5·2にリセットしたのち，保持をしたときのゲートの各信号線の値を示します．リセットするには$R=1$，$S=0$とします．

① G_1のNORゲートの入力Rが1になったので，G_1の出力つまりy_1は0になります．この出力はG_2の入力に加えられ，G_2のNORゲートの入力は2入力とも0となりました．

② この結果G_2の出力，つまりy_2は1です．この値はG_1のもう一方の入力に加えられますが，G_1の入力は2つとも1であり，出力は0のまま変化はしません．つまり，$Q(t+) = 0$，$\overline{Q}(t+) = 1$になりました．

次に，入力Rの値を0に変化させてみましょう．$R=S=0$となり，保持しろという指示を与えるのです．

③ R入力が1から0に変化します．G_1の出力は，0とG_2の出力1とのNORです．

④ その結果，G_1の値は0であることがわかります．つまり，(2)のときから値は変化しなかったのです．入力が時刻tに変化したのですが，その後のQの出力$Q(t+)$は時刻tのときの値から変化していないということになります．つまり，表5·1の保持せよという指示どおりになりました．

セットせよという指示については，回路の構造が対称であることから，リセットのときと同様に考えればよいことがわかります（練習問題参照）．

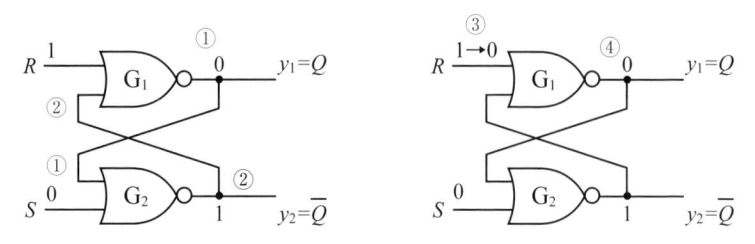

図 5·2 ■ リセット後に保持する時の動作

次に，$R=S=1$ は，なぜ使用禁止なのかを説明します．まず，$R=S=1$ を回路に与えたときのゲート回路の信号線の値を調べてみましょう．NOR ゲートは入力の少なくとも 1 つが 1 になれば，出力は 0 になります．**図 5・3** で，出力 $Q=\overline{Q}=0$ であることを確認してください．なぜ，この入力は使用禁止なのかという理由は，以下の通りです．

(1) $R=1$ は，リセットせよ，つまり，出力 Q を 0 にせよという指示で，$S=1$ は，セットせよ，つまり出力 Q を 1 にせよという指示です．これらの相矛盾する指示を与えていることになります．Q と $\overline{Q}$ がともに 1 になるのは，$\overline{Q}$ が Q の否定であるという意味で名づけたのにそのとおりになっていないのも問題です．

(2) 図 5・3 を参照し，$R=S=1$ から $R=S=0$（保持）への変更を考えます．R と S の端子への値が同時に変化しています．電子回路は非常に高速に動作しますから，全く同時に変化するという仮定を用いるのは危険です．どちらかが先に変化する場合を考える必要があります．つまり，$R=S=1$ から $R=S=0$ になるときは，図 5・3 左に示したように S が先に 0 に変化し，次に R が 0 に変化する場合と，図 5・3 右に示したように R が先に 0 に変化し，次に S が 0 に変化する場合の 2 通りがあるわけです．入力が全く同時に変化したとしても，ゲートや信号線には遅延があるので，どちらかのゲートが先に変化したと考えてもよいわけです．左側の変化の過程では，出力はリセット状態に，右側の変化の過程ではセット状態になります．このように，そのときの微妙な変化（温度，回路のばらつき，信号の伝搬遅延の偏り）などで結果が異なるようでは，正しく動くシステムは作れません．

(3) 今回は NOR ゲートを 2 個で RS ラッチを構成しましたが，NAND ゲートを 2 個でも RS ラッチを構成できます（練習問題参照）．このときは，使用禁止の入力のときの出力は異なります．したがって，回路の構成法に出力が依存する未定義状態を使用しないことが重要です．

以上のことから，$R=S=1$ とする使用法は禁止されています．

> 理由の (2) は，少し難しかったかもしれない．よく理解できなければ，後で見直してもよいぞ．(3) は，練習問題にしておいたので解くとよいぞ．この回路を描いてある教科書も多いのじゃ．

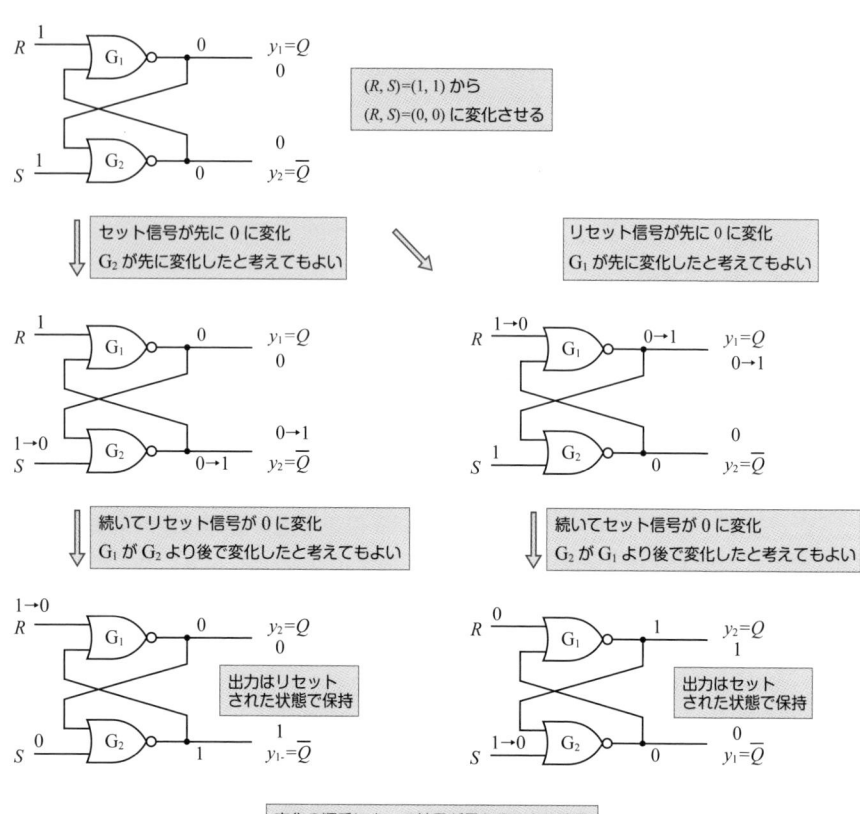

図5・3 $(R, S) = (1, 1)$ を使用禁止にする理由

まとめ

バッファは2個の NOT ゲートを直列に接続して実現します．

バッファの出力を入力にフィードバックさせれば記憶回路が実現できます．

NOT ゲートの代わりに NOR ゲートを置換すれば，出力を自由にセット，リセットすることができる RS ラッチを作ることができます．

RS ラッチの入力は，セット，リセット，保持の3通りと，使用してはいけない入力の組合せが1通りあります．この回路の動作解析は，自分でいろいろな信号を与え，机上でシミュレーションすることで理解への早道となります．

例題 1

図 5·2 では，RS ラッチをリセットした後に保持をした場合を示した．ここでは，RS-ラッチをセットし，それから保持をしたときの信号値の変化を追跡しなさい

解答 次の図に解答例を示します．

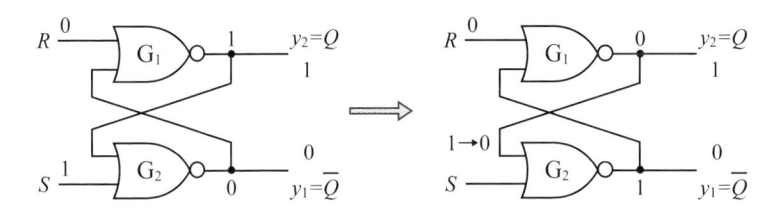

```
       0                                    0
R ─────┐G₁ ╲○──┬──  y₂=Q        R ─────┐G₁ ╲○──┬──  y₂=Q
       │       │ 1  1                    │       │ 0  1
       │  ╲ ╱  │                         │  ╲ ╱  │
       │   ╳   │           ⟹            │   ╳   │
       │  ╱ ╲  │                      1→0│  ╱ ╲  │
       │       │ 0                       │       │ 0
S ──1──┘G₂ ╲○──┴──  y₁=Q̄        S ─────┘G₂ ╲○──┴──  y₁=Q̄
             0                                    1
```

セット後に保持する時の動作

5-3 RSラッチの応用

キーポイント

ここまでの学習でRSラッチの構造と動作を理解したので，本節では，これをどのように使うかを学びます．応用例を学ぶことで，より深く動作を理解できます．

1 レジスタの実現

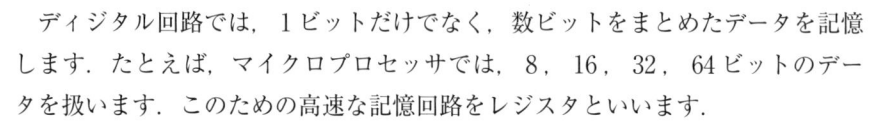

ディジタル回路では，1ビットだけでなく，数ビットをまとめたデータを記憶します．たとえば，マイクロプロセッサでは，8，16，32，64ビットのデータを扱います．このための高速な記憶回路をレジスタといいます．

RSラッチを必要なビット数並列に並べればレジスタを実現できます．ここでは，書込み，クリア（出力をすべて0にする），および読出しをする機能を付け加えたレジスタをRSラッチとANDゲートを用いて構成してみましょう．**図5・4**に3ビットレジスタの例を示します．使い方は次のとおりです．前節の説明から，動作は容易に推察できるでしょう．

(1) clear端子を1にするとすべてのRSラッチのQ出力が0にリセットされます．これをクリアと呼ぶこともあります．このとき，write端子は0にしておくことに注意が必要です．使いはじめには，必ずクリア動作をすることとなります．
(2) clear端子は，レジスタをクリアするとき以外は常に0にしてレジスタを運用します．
(3) 外部からデータを書き込みたいときは，write端子を1にすれば，ANDゲートを通じて外部データd_{ini}が1の入力端子につながるRSラッチのみがセットされます．write端子が0のときは，データ端子の値にかかわらず，RSラッチのセット端子は常に0であることを確認しましょう．
(4) 読出しのために出力にANDゲートを挟んでいます．これは，レジスタが1個しかない場合は必要ありません．複数のレジスタ出力を1個の回路の入力に接続するならば，AND回路があれば複数レジスタの出力をORして，呼び出したいレジスタのread端子のみを1とすればよいことになります（練習問題を参照）．

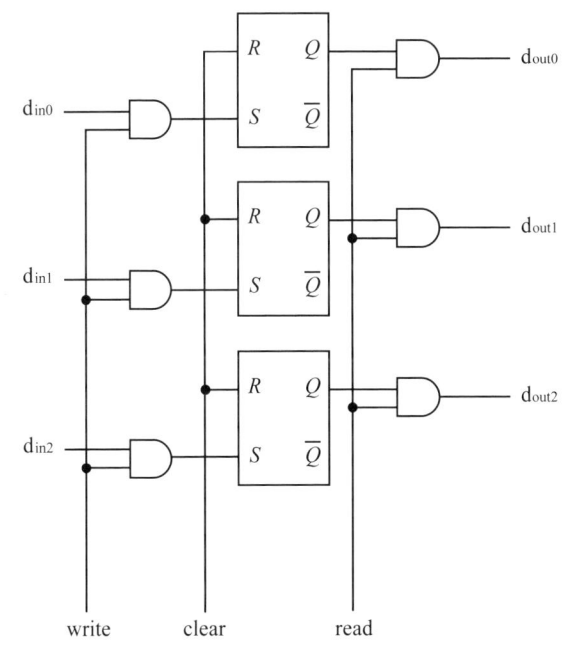

図5・4 ■ RSラッチとANDゲートで構成した3ビットレジスタ

　どのように各信号線の値を変化させるかを示すには，タイミングチャートを用いるのが便利です．このレジスタを使用するときのタイミングチャートを**図5・5**に示します．

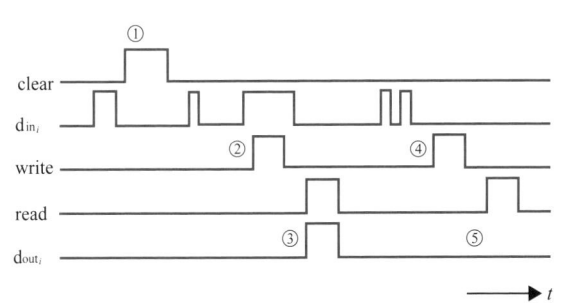

①レジスタ出力（RSラッチのQ出力）を0にクリア
②write=1としてd_{in}の値1をレジスタに書き込む
③read=1としてレジスタの値を読み出す②で記憶された1がd_{out}に出力される
④write=1として、d_{in}の値0をレジスタに書き込む
⑤read=1としてレジスタの値を読み出す④で記憶された0がd_{out}に出力される

図5・5 ■ レジスタへの信号の加え方

2 チャタリング除去回路

　ディジタル回路の入力にスイッチを接続することを考えます．機械式スイッチは，金属の接点が接触することで導通（ON）します．このとき，金属の上で接点が跳ねることや放電などのために，OFF状態からON状態になるときON/OFFを何回か繰り返してからONとなります．ON状態からOFF状態になるときもON/OFFを繰り返してOFFになります．この現象を**チャタリング**あるいは**バウンシング**などと呼びます．**図5・6**に単にスイッチとプルダウン抵抗からなるスイッチ回路と，OFFからONへの切換え時の出力波形の例を示します．スイッチがOFFのときは，出力は抵抗（プルダウン抵抗）を経由してグラウンドに接続されていますから，出力の真理値は0となります．次にスイッチをONにしてみましょう．スイッチはON/OFFを繰り返しながら最終的にはONになります．この例では，3回目で出力1に安定していますが，実際には，スイッチやそのときの状況によりチャタリングが継続する時間やON/OFFの回数はさまざまです．

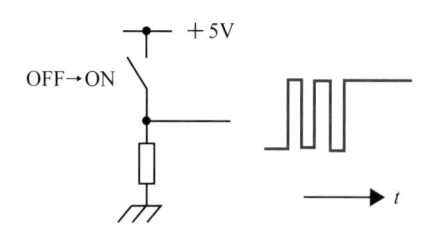

図5・6 ■ チャタリング

　これを，たとえばスイッチが何回ON/OFFを繰り返したかを数える回路に用いたとすると，実際のON/OFF回数より多く数えることとなり，誤動作を引き起こすことになります．

　図5・7にチャタリング除去回路を示します．現在，G_1の入力は1，G_2の入力は0となっており，出力は0となっています（リセット状態）．この単極双投スイッチを下方向に切り換えると，G_1の入力は0に，G_2の入力は1になります．このとき，スイッチは二つの接点間を交互に跳ね返る低品質のものではないとします．スイッチが中間地点にいるときは，両方の入力は0となるので保持となり，Reset＝Set＝0となり，これは保持せよという指示になりますから，RSラッチの出力

128

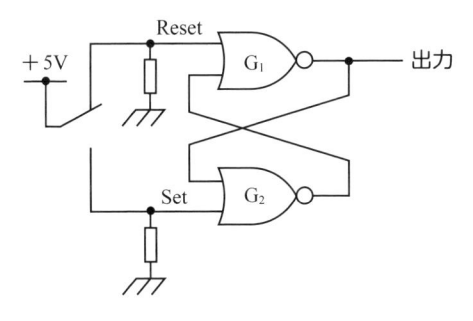

図5・7 チャタリング除去回路

は変化しません．反対側のSet側に最初に接点が触れたとき，Set＝1，Reset＝0ですので，出力は1に変化します．もし，このとき，端子上で跳ねてチャタリングが起きたとしても，Set＝Reset＝0ですから，そのままセットの状態が続きます．

この方法以外にもチャタリングの除去方法はいくつかあります．たとえば，コンデンサと抵抗，シュミットトリガインバータを用いたアナログ的な除去法や，マイクロプロセッサを用いたソフトウェアでの除去方法もあります．興味がある方は調べてみるとよいでしょう．しかし，図5・6の単極双投スイッチを使ってよければ，RSラッチを使った除去方法が，最も確実にチャタリングを除去できます．試作回路を作るときには外部スイッチをつなぐことも多く，この方法は知っておいてください．

まとめ

　レジスタとは何かを理解しましょう．また，レジスタを複数個用意したシステムではどのように使われているかを調査しましょう．
　チャタリングは，機械式スイッチを使うときは必ず起こるものとして対応しなければなりません．除去回路の動作原理を説明できるようにしましょう．

例題 2

図1に RS ラッチの動作原理を確認する回路を示す．LED は，ラッチの出力に電流制限抵抗を直列に接続し接地されている（0V に接続されている）．どんなときに LED が光るか，をタイミングチャート（図2）に示しなさい．

ラッチの出力が 0 のときに LED を光らせるには，どのような回路としたらよいかも示せ．

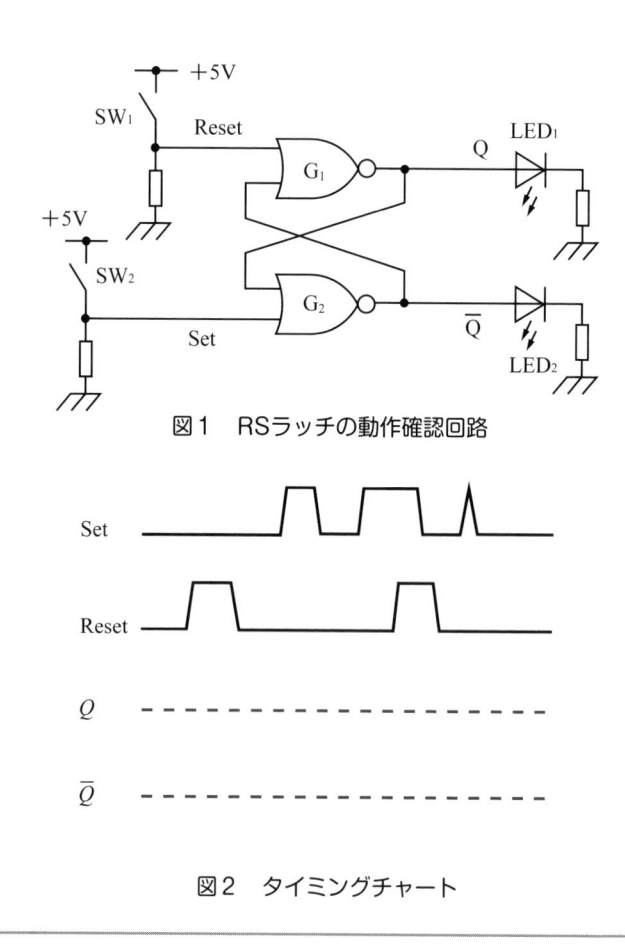

図1 RSラッチの動作確認回路

図2 タイミングチャート

解答 図2のタイミングチャートにおいて，当初 Q は1，$\overline{Q}=0$ と仮定します．そうすると LED_1 は点灯し，LED_0 は消灯しています．あとは，RSラッチの動作表を参考にして動作を確認できます．一部，Set = Reset = 1 という使用禁止の状態になっていますが，このようなときも，NORゲートの動作から動作を考えられるようにしておきましょう．

図4にラッチの出力が0の時にLEDが光る回路を示します．

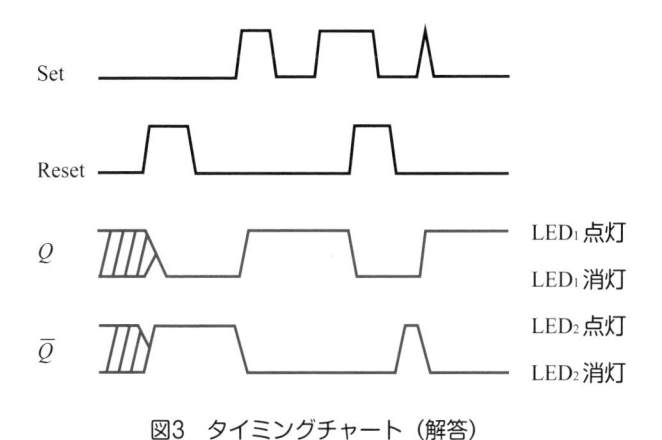

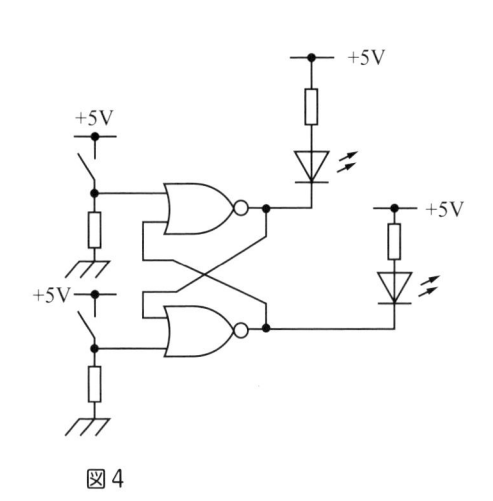

図3 タイミングチャート（解答）

図4

5-4 クロック入力付ラッチ

キーポイント

現在主流の同期式順序回路と呼ばれる方式では，ラッチはそのままでは使えません．ラッチを組み合わせて構成したフリップフロップと呼ぶ素子を記憶素子として使います．まずは，クロックと呼ばれる信号について学んだのち，クロック入力をもつラッチの動作原理と機能について本節で学びます．

1 順序回路におけるクロック信号の役割

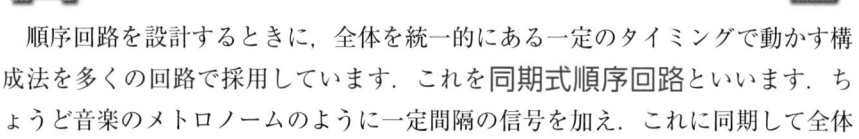

順序回路を設計するときに，全体を統一的にある一定のタイミングで動かす構成法を多くの回路で採用しています．これを**同期式順序回路**といいます．ちょうど音楽のメトロノームのように一定間隔の信号を加え，これに同期して全体を調整することに似ており，この信号をクロック信号と呼びます．

図 5・8 に同期式順序回路の動作原理を示します．記憶回路は，現在の状態を記憶しています．たとえば，同期信号が入るたびに，出力値が 1 増加するような 2 進カウンタを考えてみましょう．左側の組合せ回路は，現在の値に＋1 をした値を計算する回路となります．右側の記憶回路は，現在の値を記憶しています．左側の組合せ回路で 1 を足すわけですが，すべてのけたの値の計算が終了するにはある一定の時間が必要となります．

値によっては，計算時間も変わります．たとえば，けた上りが最下位けたから最上位けたまで次々と伝わるときは，長い時間がかかります．一番長い時間を基準にタイミング信号であるクロック信号の周期を決めます．クロック信号を用いて，同期信号を加えると，次の状態が新しく記憶回路に上書きされるのです．

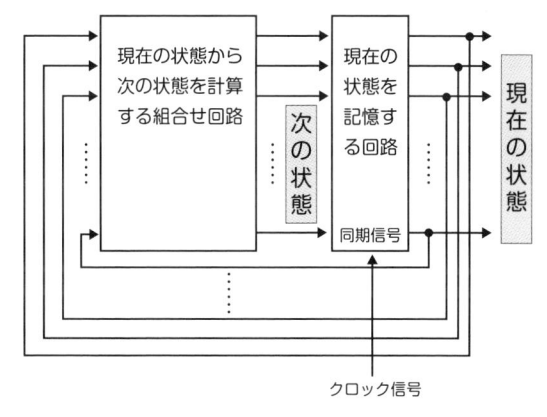

図5・8 同期式順序回路の動作原理

クロック信号は，**図5・9**にあるように矩形波（方形波）と呼ばれる，0と1とが交互に現れる波形です．記憶回路にこのクロック信号のどの期間に新しい値を取り込むかの方式を4通り示してあります．

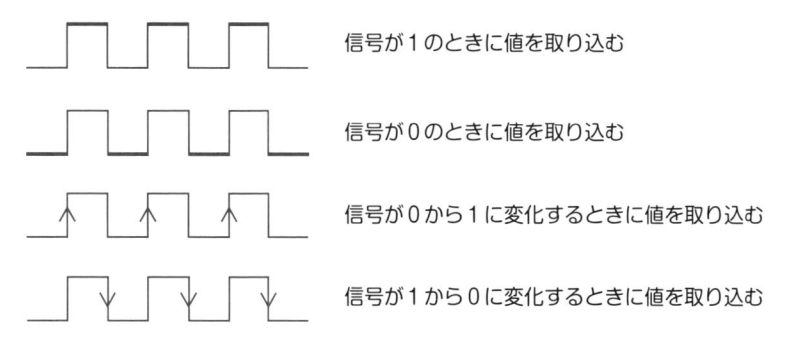

信号が1のときに値を取り込む

信号が0のときに値を取り込む

信号が0から1に変化するときに値を取り込む

信号が1から0に変化するときに値を取り込む

図5・9 クロック信号と値を取り込むタイミング

2 クロック入力付 RS ラッチ

同期式順序回路には，クロック信号を取り扱う機構が必要です．前節で述べたRSラッチを，ある期間だけ外部から値（指示，指令）を受け取り，ラッチの値をリセットやセットするように変更しましょう．それ以外の期間は値を保持します．**図5・10**に示すようにRSラッチの入力部にANDゲートを挟めば，これらの機能を実現できます．クロックが1の期間のみ，外部から指示を受け取ります．

動作を**表 5·2**に示します．Clock が 0 の場合は，Reset と Set の値が 0 でも 1 でも（これを×と表す），内部の RS ラッチの入力の R と S には 0 が供給されますので，内部の値を保持し，その結果，出力は保持されたままとなります．このように，この回路では，外からの指令を受け付けるのは，Clock が 1 の期間だけとわかります．つまり，クロック信号は，図 5·9 の一番上のように 1 の期間だけ外部からの信号が受け付けられるようになったわけです．

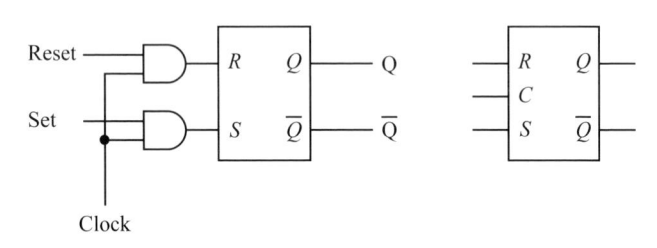

図 5·10 クロック入力付 RS ラッチ

表 5·2 クロック入力付 RS ラッチの動作

Clock	Reset	Set	$Q(t+)$	$\overline{Q}(t+)$	機　能
0	×	×	$Q(t)$	$\overline{Q}(t)$	保持
1	0	0	$Q(t)$	$\overline{Q}(t)$	保持
1	0	1	1	0	セット
1	1	0	0	1	リセット
1	1	1	―	―	使用禁止

※―は未定義を表す

このクロック入力付 RS ラッチの Clock, Reset, Set 端子に値を加えた例を**図 5·11** のタイミングチャートに示します．Reset が 1 になり，Clock が 1 になると出力 Q が 0 に確定します．その後 Set が 1 になり，Clock が 1 になると出力 Q が 1 に変化します．Clock が 0 の期間は，出力に変化がないことに注意してください．

Clock が 1 の期間に外部からの値が取り込まれるので，Clock が 1 になる前までに Reset と Set の値をあらかじめ設定し，Clock が 1 の期間は変化させないように使うのが通常での使用法となります．Clock が 1 の期間に，R や S などの入力が変化するとその変化がそのまま出力の変化に表れることがあります．

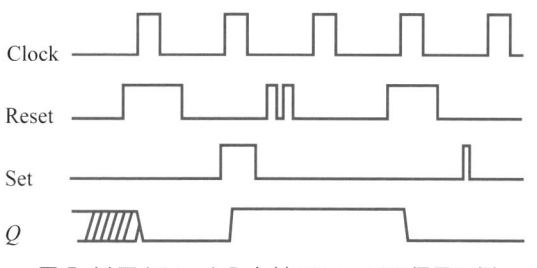

図 5・11 ■クロック入力付RSラッチの信号の例

3 クロック入力付 D ラッチ

RSラッチでは，$R = S = 1$とすることは禁止されています．これを避け，単純に0を記憶するか1を記憶するかの機能を絞ったラッチがあります．これが**図 5・12**に示すDラッチです．内部のRSラッチのSには入力Dを，Rには入力Dの否定を，それぞれ AND ゲートを介して接続しています．この構造により，クロック1の期間に記憶させたい値をDに入力すると，たとえば$D = 1$のときは$R = 0$，$S = 1$となりRSラッチはセットされます．$D = 0$のときは$R = 1$，$S = 0$となりRSラッチはリセットされます．その後，クロック入力を0にすれば，クロックが1の期間のときに記憶した値を保持するわけです．動作表を**表 5・3**に示します．

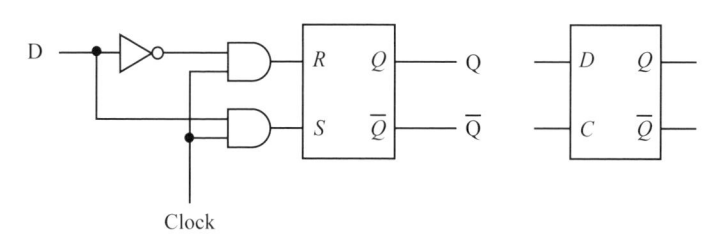

図 5・12 ■クロック入力付Dラッチ

表 5・3 ■クロック入力付Dラッチの動作

Clock	D	$Q(t+)$	$\overline{Q}(t+)$	機　能
0	×	$Q(t)$	$\overline{Q}(t)$	保持
1	0	0	1	リセット
1	1	1	0	セット

4 クロック入力付ラッチでのクロック信号の取扱いの難しさ

ここまででクロック入力を備えた RS ラッチと D ラッチの構造と動作とを説明しました．どちらも AND ゲートを介してクロック信号を受け取っていました．しかし，これらは使用するうえで注意が必要です．つまり，使いにくいのです．

たとえば，図5・8の同期式順序回路の記憶装置にこれらのクロック入力付ラッチを使うと，クロック信号の1の期間が長すぎると同一クロック期間に，2回以上記憶回路が書き換えられてしまうおそれがあるのです．つまり，D ラッチの新しい値により，組合せ回路が新しい値を計算します．その新しい値が，クロックが1であるうちにできてしまうと，ラッチはまた書き換えられてしまうのです．その場合，クロック信号が1になる期間を短くすればよいのでしょうか？ 詳細は省きますが，今度は値をラッチに反映させられなくなることもあるのです．クロック信号の調整が難しく，取扱いが難しいので複雑な順序回路にそのまま使うことは難しいのです．

そこで同期式順序回路を構成するには，使いやすいフリップフロップと呼ぶ素子を使います．フリップフロップには，1回のクロック期間で2回以上値が書き換わらないように，記憶素子を2段階に分割し動作させるマスタスレーブ形フリップフロップ（flip flop）と，クロック信号が変化した瞬間だけに注目するエッジトリガ形のフリップフロップがあります．ただし，その内部構造には，本節で学んだクロック入力付ラッチがそのまま使用されますので，ここで学んだことが役に立ちます．

これまでに扱っていたラッチをフリップフロップと呼ぶことは間違いではありません．しかし，本書では，より明確に区別するために，次節以降で説明する記憶素子をフリップフロップと呼び，今後は区別することにします．

まとめ

クロック信号の役目，クロック入力付 RS ラッチの構造と動作，クロック入力付 D ラッチの構造と動作を学びました．

ここで学んだクロック入力付ラッチをそのまま回路に使うことはあまりありません．しかし，これらの素子は次節で学ぶフリップフロップの内部構造として用いられているので，構造と動作を理解しておくことが重要です．

例題 3

図1のクロック入力付Dラッチに図2のD, Clock, R, Sに示す入力を加える．このときの出力の値をタイミングチャートに記入しなさい．

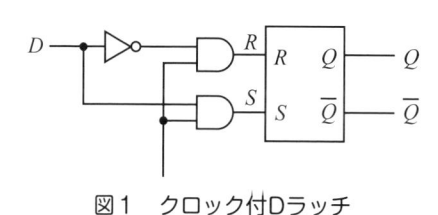

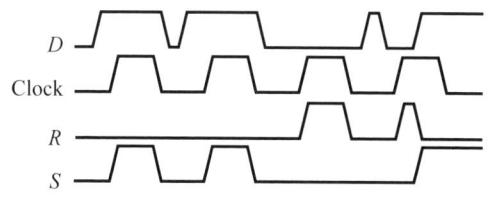

図1 クロック付Dラッチ

図2 クロック入力付Dラッチのタイムチャート

解答 DおよびClock信号が変化したときのR, Sの変化を図2に示します．RSラッチの動作表に当てはめて出力Qを図示できます．出力Qの斜線部分は，セットされるまでは0か1か不定であることを示しています．また，クロックが1の期間に入力Dが変化している例をタイミングチャートの最後に示していますが，このような入力変化は望ましくないので，設計時にこのような入力変化をしないように前段部分を設計することが重要となります．

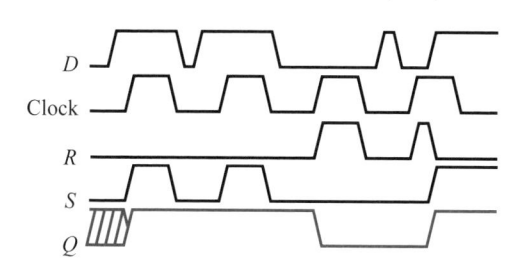

5-5 マスタスレーブ形フリップフロップ

キーポイント

クロック付ラッチを使いやすく改良したものがフリップフロップです．

フリップフロップには，本節で説明するマスタスレーブ形フリップフロップと，次節で説明するエッジトリガ形フリップフロップがあります．

マスタスレーブ形フリップフロップの動作原理は，理解しやすいのでどの教科書でも取り上げられます．大学院入試で出題されることもあり得るので，ここで説明を行います．

実際の設計には，次節で説明するエッジトリガ形フリップフロップを使うことが多いです．

1 マスタスレーブ形フリップフロップの種類

前節で述べた欠点を解決するため，本節では，図5・10で示したクロック付RSラッチを2個直列に接続した記憶回路について解説します．なお，これ以降説明するマスタスレーブ形フリップフロップの一覧を**表5・4**に示します．詳細は後述しますが，どれもRSラッチを2段にし，最初のラッチをマスタラッチ，次のラッチをスレーブラッチと呼びます．

> マスタ（ご主人様）は，偉い人から指令を聞いて，それを自分のスレーブ（奴隷）に指示してやらせるということからこの名称がついたのじゃ．

表5·4 ■マスタスレーブ形フリップフロップの種類

名　称	ポイント
マスタスレーブ形 RS-FF	$R=S=1$ は使用禁止．この信号が加わらないように外部回路や設計を工夫することが必要．
マスタスレーブ形 JK-FF	$R=S=1$ の使用禁止を使えるように改良．現在の記憶の否定を記憶．S を J，R を K に置き換えれば，$J=K=1$ 以外の機能は，RS-FF と同じ．
マスタスレーブ形 T-FF	クロックが入力されるたびに現在の値を保持するか，反転（否定）して記憶するかを指示できる．
マスタスレーブ形 D-FF	単に値を記憶する機能に限定．D 端子の値をクロックが入力するたびに内部に取り込んで記憶．

2 マスタスレーブ形 RS フリップフロップ

図 5·13 にマスタスレーブ形 RS フリップフロップ（RS-FF）の構造を示します．図 5·10 のクロック付 RS ラッチが 2 個と NOT ゲート 1 個で構成されています．入力側の RS ラッチをマスタラッチ，この後につながる RS ラッチをスレーブラッチと呼びます．

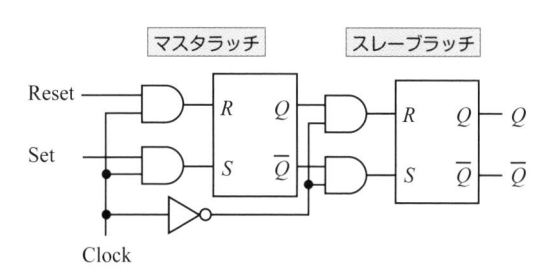

図 5·13 ■マスタスレーブ形 RS フリップフロップ

まず，入力の指示をマスタが受けて，それを次のスレーブに命令するという動作になります．動作の概略は以下の通りです．

(1) Clock = 1 の期間は，マスタラッチ側は，外部入力の値を AND ゲートを通じて受け取ります．一方，この期間スレーブラッチは，その入力につながる AND 入力で Clock の否定である 0 との AND をとられていることに注意してください．つまり，スレーブラッチは，$R=S=0$ となり現在の値を保持し続けます．言い換えると，入力側で変化するかもしれないマスタラ

ッチの出力値はスレーブ側には遮断されている状態です.
(2) 次にクロックが0に変化しClock = 0となります. するとマスタラッチは, $R = S = 0$となり, Clock = 1の期間に取り込んだ値を保持し続けます. 一方, スレーブラッチの入力につながるANDの制御入力は1となり, マスタラッチで保持されている値がスレーブ側に伝達されます. そして, スレーブラッチが同じ演算を行いフリップフロップの出力が更新されます.
(3) この動作の要点は, 入力から出力の間で信号値が突き通ることがないということです. マスタラッチとスレーブラッチとの間で障壁を設けていることになります.

図5・14のタイミングチャートを見てください. ①でリセットの指示が出ています. マスタラッチはリセットされます. しかし, この結果はスレーブにはまだ伝わっていません. クロックが1から0に変化するとスレーブラッチが動作をはじめます. マスタラッチがリセットされたので, それがそのままスレーブラッチに伝達され, ②で出力Qが0に確定します. 次に③のときにセットの指示が出てマスタラッチはセットされます. ④でスレーブラッチがセットされQに出力が反映されます. ⑤でクロックが0の期間に$R = S = 1$という値が端子に加えられていますが, この期間はマスタラッチは外部端子の値を受け取りませんので, 内部に何も影響が与えられていないことに注意をしてください. **表5・5**にマスタスレーブ形RSフリップフロップの動作を示します.

このフリップフロップは, 別名パルストリガ形フリップフロップとも呼ばれます. クロックが1になり, そして0になることでデータが管理されているからです.

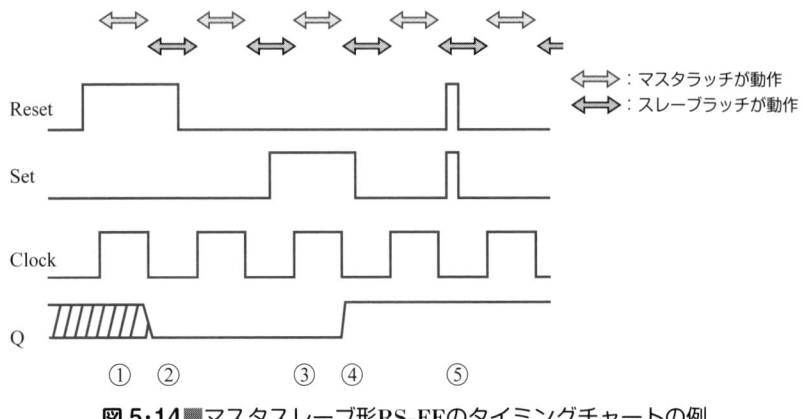

図5・14 マスタスレーブ形RS-FFのタイミングチャートの例

表5·5 ■ マスタスレーブ形RSフリップフロップの動作

Clock	Reset	Set	$Q(t+1)$	$\overline{Q}(t+1)$	機 能
1	0	0	$Q(t)$	$\overline{Q}(t)$	保持
1	0	1	1	0	セット
1	1	0	0	1	リセット
1	1	1	―	―	使用禁止

3 その他のマスタスレーブ形フリップフロップ

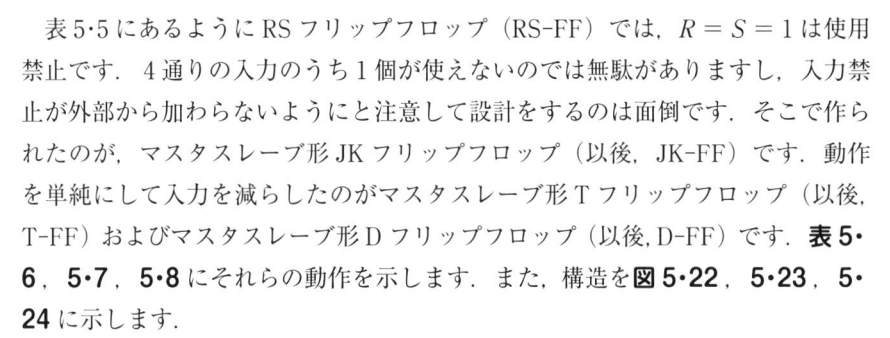

表5·5にあるようにRSフリップフロップ（RS-FF）では，$R=S=1$は使用禁止です．4通りの入力のうち1個が使えないのでは無駄がありますし，入力禁止が外部から加わらないようにと注意して設計をするのは面倒です．そこで作られたのが，マスタスレーブ形JKフリップフロップ（以後，JK-FF）です．動作を単純にして入力を減らしたのがマスタスレーブ形Tフリップフロップ（以後，T-FF）およびマスタスレーブ形Dフリップフロップ（以後，D-FF）です．**表5·6，5·7，5·8**にそれらの動作を示します．また，構造を**図5·22，5·23，5·24**に示します．

(1) マスタスレーブ形JK-FF：JとKは何の略かは不明ですが（諸説あり），JがSet端子，Kがリセット端子だと考えればよいです．$J=K=1$のときは，記憶している値の否定を再格納するという動作になります．構造からも，出力QをK側に，出力$\overline{Q}$をJ側にフィードバックしていることで，この機能を実現していることがわかります．

(2) マスタスレーブ形T-FF：$T=0$とするとマスタラッチの入力が$R=S=0$となり，値は保持されます．一方，$T=1$とすると，出力QをR側に，出力$\overline{Q}$をS側にフィードバックしてこの機能を実現していることがわかります．

(3) マスタスレーブ形D-FF：クロック付Dラッチを2段構成にしたものです．この動作については練習問題①で解説しました．

表5·6 ■ マスタスレーブ形JKフリップフロップの動作

Clock	Reset	Set	$Q(t+1)$	$\overline{Q}(t+1)$	機 能
1	0	0	$Q(t)$	$\overline{Q}(t)$	保持
1	0	1	1	0	セット
1	1	0	0	1	リセット
1	1	1	$\overline{Q}(t)$	$Q(t)$	反転

表5・7 ■マスタスレーブ形Tフリップフロップの動作

Clock	T	$Q(t+1)$	$\overline{Q}(t+1)$	機 能
1	0	$Q(t)$	$\overline{Q}(t)$	保持
1	1	$\overline{Q}(t)$	$Q(t)$	反転

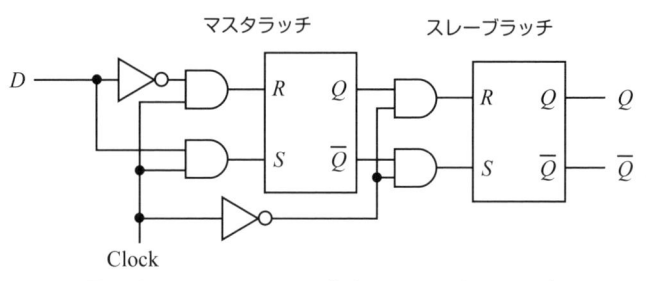

表5・8 ■マスタスレーブ形Dフリップフロップの動作

Clock	D	$Q(t+1)$	$\overline{Q}(t+1)$	機 能
1	0	0	1	Reset
1	1	1	0	Set

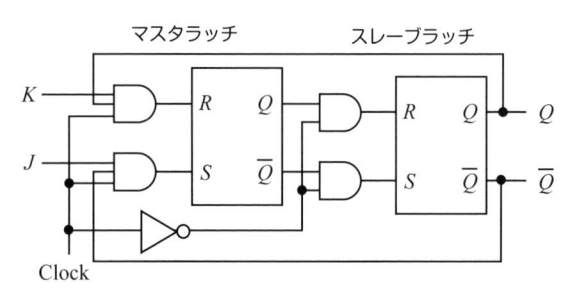

図5・15 ■マスタスレーブ形JKフリップフロップ

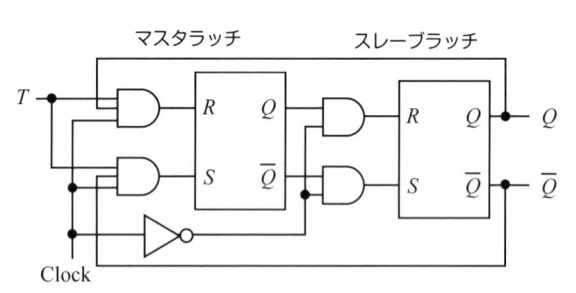

図5・16 ■マスタスレーブ形Tフリップフロップ

図5・17 ■マスタスレーブ形Dフリップフロップ

まとめ

マスタスレーブ形 RS-FF の動作原理を学びました．
マスタスレーブ形 JK-FF，T-FF，D-FF の構造と動作とを RS ラッチの動作をもとに説明できるようにしましょう．

例題 4

マスタスレーブ形 JK-FF に次の図のタイミングチャートで示す値を入力する．出力 Q の値を書きなさい．

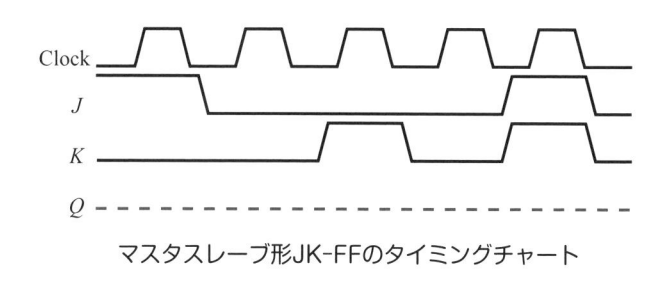

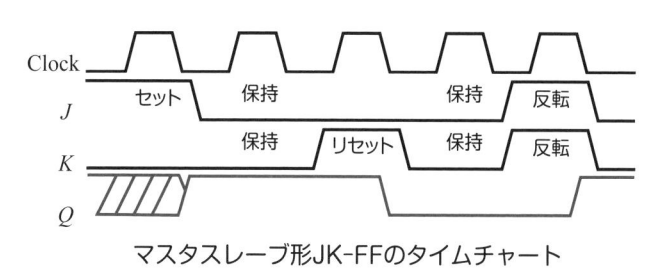

マスタスレーブ形JK-FFのタイミングチャート

解答

マスタスレーブ形JK-FFのタイムチャート

5-6 エッジトリガ形Dフリップフロップ

キーポイント

実際の順序回路で最も使われる記憶素子が，本節で説明するエッジトリガ形Dフリップフロップです．構造と内部の動作解析を理解することよりも，その動作と使い方を完璧に習得しましょう．

1 エッジトリガ形Dフリップフロップの構造と動作

6章では，自分専用のハードウェアを簡単に作れるFPGAでの設計法を紹介します．FPGAは，高速な記憶素子として，本節で説明するエッジトリガ形のDフリップフロップを内蔵しています．現在，ほとんどの回路は，この方式のフリップフロップを使う設計さえ知っていれば十分です．そこで，本節ではエッジトリガ形Dフリップフロップの動作を説明します．

エッジトリガ形Dフリップフロップの内部構造と記号を図5・18に示します．章末の練習問題①で取り上げるNANDゲート2個で構成したラッチが，3個組み合わされて構成されています．これらの回路は非同期式の順序回路と呼ばれるものであり，その動作は複雑です．動作解析は，ここでは知る必要はありませんが，興味のある方は解析してみるとその工夫に驚くかもしれません．本書では内部の動作は説明せず，素直に部品として使用することとしましょう．今後，簡単のためにポジティブエッジトリガ形Dフリップフロップを単にD-FFと表記することにします．

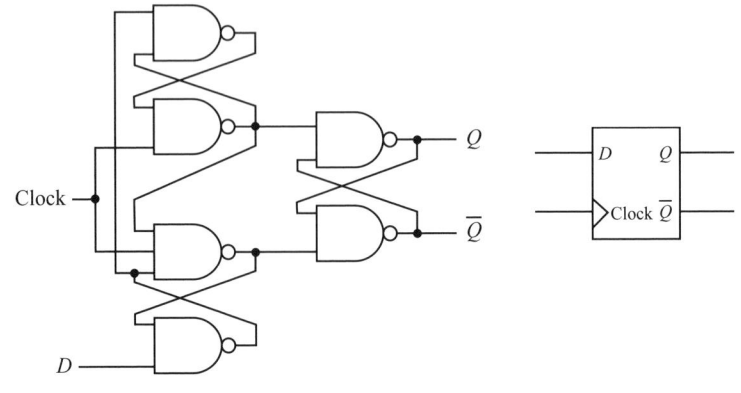

図5・18 ■ ポジティブエッジトリガ形Dフリップフロップ

補足 ⇒ FPGA：field programmable gate array

表5·9にD-FFの動作を示します．クロックが0から1に変化した立上りの瞬間（ポジティブエッジ）の入力Dの値をフリップフロップ内部に取り込み記憶し，Qに出力します．クロックが1から0に変化した立下りの瞬間（ネガティブエッジ）で動作するフリップフロップもあります．

表5·9 ■ ポジティブエッジトリガ形Dフリップフロップの動作

Clock	D	$Q(t+1)$	$\overline{Q}(t+1)$	機　能
↑	0	0	1	リセット
↑	1	1	0	セット
上記以外	×	$Q(t)$	$\overline{Q}(t)$	保持

このD-FFでは，クロックが0から1へ変化した立上りの瞬間の入力Dの値を取り込んで，中のラッチに格納します．それ以外のときは，入力Dがいかなる値でも内部の値には影響を与えません．非常に単純な動きですので，設計をするときにも簡単に扱えるのが，長所となります．

図5·19に，D-FFに信号を与えたときのタイミングチャートの例を示します．Clockの立上りの瞬間の値を出力に即座に反映させていることに注意してください．クロックが立ち上がる瞬間の値Dを取り込むため，それ以外の時刻に変化しても出力に影響を与えません．つまり，値をクロックの立ち上がる瞬間だけに注目して設計をすればよく，設計時の動作解析なども単純です．ただし，マスタスレーブでもこのエッジトリガ形のD-FFでも，入力Dは値を取り込む少し前には確定させ，値を十分取り込む時間を確保することが必要です．例えば，このエッジトリガ形D-FFでは，クロック信号が0から1に立ち上がる瞬間までに必ず入力Dを確定させます（この時間をセットアップタイムと呼びます）．また，その後，ある一定時間はその値を保持することが必要です（この時間をホールドタイムと呼びます）．これらについては，D-FFを使うときにその仕様に記載があります．本節では限界まで性能を上げたいというプロフェッショナルの設計を目指すわけではなく，まずは設計方法の習得を目標とするため，このセットアップタイムとホールドタイムについては今の時点では忘れてしまってもかまいません．

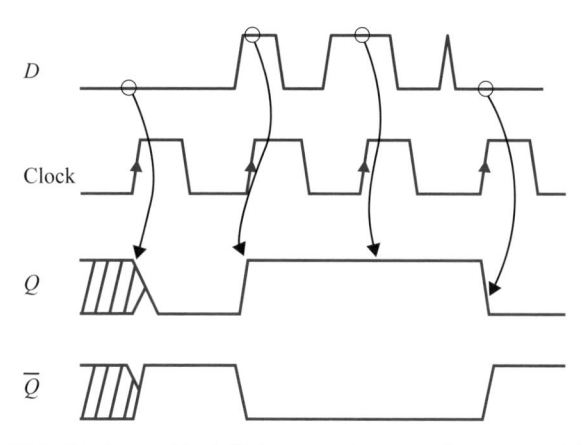

図5・19 ■エッジトリガ形D-FFのタイミングチャートの例

2 D-FF を使った順序回路の構成法

　本項では，D-FF および組合せ回路を使って簡単な順序回路を構成する方法を解説します．順序回路の本格的な設計法については次章で述べることとし，ここでは，直感的に理解できる簡便な方法を習得します．単純な順序回路（たとえば数を数えるカウンタなど）の設計では，ここで述べる方法のみで対応可能です．

　順序回路の構成を見てみましょう．**図5・20** に D-FF と組合せ回路のみで実現する同期式順序回路を示します．ここでは，出力は D-FF で記憶している内容をそのまま出力していることに注意してください．

　実際の順序回路の設計では，D-FF の初期化の問題を考えなければいけません．なぜなら，D-FF やラッチなどは，電源を入れた直後には，0 を記憶しているか 1 を記憶しているかのどちらか不定であり，初期化をしてから使うのが一般的な使い方だからです．しかし，本項ではこのことはいったん無視して進めます．初期化については次節で学ぶこととします．

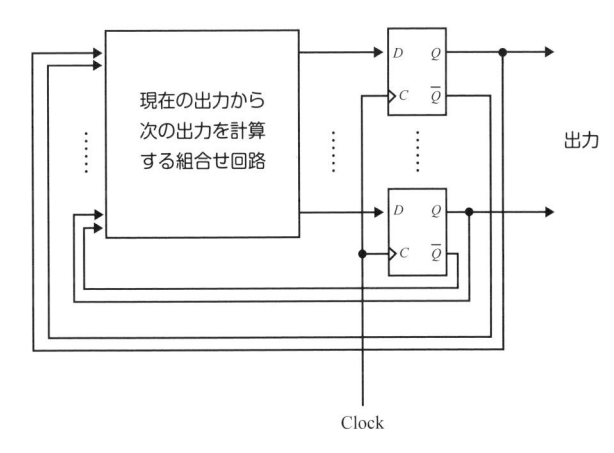

図 5・20 D-FFと組合せ回路による同期式順序回路の例

　ここで設計できる順序回路は，クロック信号が0から1に立ち上がるたびに，所望の値に変化する回路です．現在のD-FFの値はそれぞれのD-FFの出力 Q に現れています．次の値は現在の出力 Q と $\overline{Q}$ から組合せ回路で計算され，D-FFの各 D 端子に入力されます．これが次のクロック信号の立上りでD-FFに記憶され，次の新しい出力になります．組合せ回路部分を設計すればよいわけですから，以下のような順序で設計を行えば，順序回路が設計できます．

(1) 現在のD-FFの値（現在の状態）と次のクロックが立ち上がるときに新しくD-FFに取り込まれる次の値（次の状態）との関係を表す表を作る．
(2) 表からカルノー図を描き，D-FFへの入力 D_i を Q_i の論理式で表す．
(3) (2)で得られた論理式をゲート回路で実現し，組合せ回路部分を構成する．これにD-FFを接続すれば完成する．

例題 5

2進数2けたで,クロック信号が立ち上がるたびに,00,01,10,11,00,01,……と変化する順序回路である2けたの2進カウンタを設計しなさい.

この回路はクロックが立ち上がるたびに現在の値に1を足された値が出力されます.ただし,出力は2けた(2ビット)しかないため,11の次は100の下位2ビットのみが出力されると考えてよい.

解答 組合せ回路の入力と出力との関係を表す真理値表を以下の表に示します.さらにこれに基づいてカルノー図を描き,論理式を求め,最後にゲート回路と D-FF とを用いて作成した回路を以下の図に示します.

現在の状態		次の状態	
Q_1	Q_0	D_1	D_0
0	0	0	1
0	1	1	0
1	0	1	1
1	1	0	0

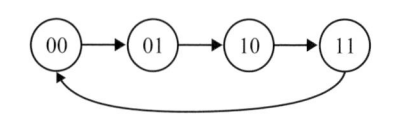

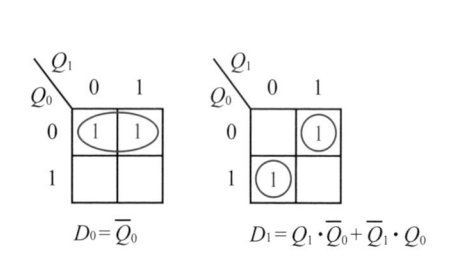

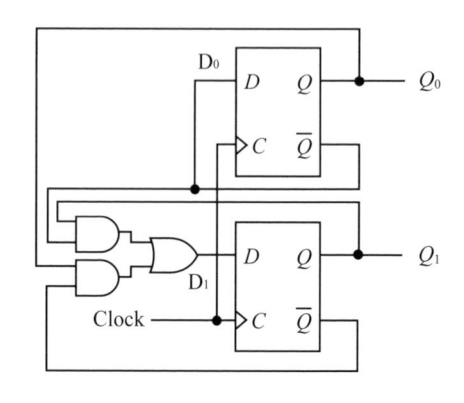

$D_0 = \overline{Q_0}$

$D_1 = Q_1 \cdot \overline{Q_0} + \overline{Q_1} \cdot Q_0$

2けたの2進カウンタ

まとめ

　クロック付ラッチを使いやすくしたものがフリップフロップです．

　フリップフロップの中でもっとも使いやすい記憶素子として，エッジトリガ形Dフリップフロップがあります．

　エッジトリガ形のD-FFを使った順序回路は，現在の値と次の値とを表にし，4章までに学んだ組合せ回路の設計法を使えば設計できます．

例題 6

3けたの2進カウンタを設計しなさい．論理式を求め，回路図は描かなくてよい．

解答 図1に3けたの2進カウンタの状態図を示します．これをもとに状態表（遷移表）を作成し，カルノー図より論理式を得ることができます．

現在の状態			次の状態		
Q_2	Q_1	Q_0	D_2	D_1	D_0
0	0	0	0	0	1
0	0	1	0	1	0
0	1	0	0	1	1
0	1	1	1	0	0
1	0	0	1	0	1
1	0	1	1	1	0
1	1	0	1	1	1
1	1	1	0	0	0

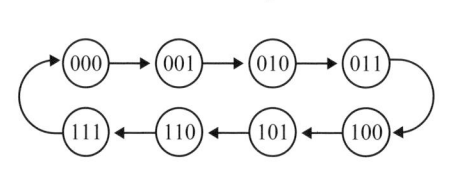

図1　3けたの2進カウンタの状態図

$D_1 = Q_1 \overline{Q_0} + \overline{Q_1} Q_0$

$D_0 = \overline{Q_0}$

$D_2 = Q_2 \overline{Q_0} + Q_2 \overline{Q_1} + \overline{Q_2} Q_1 Q_0$

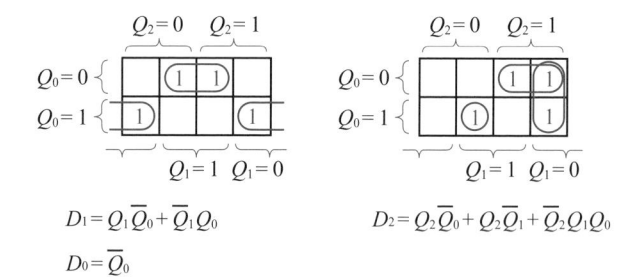

図2　3けたの2進カウンタのカルノー図

例題 7

クロック信号が立ち上がるたびに，00, 01, 11, 01, 00, 01, 11, 01, ……を繰り返すカウンタを設計しなさい．なお，このカウンタはグレイ符号カウンタと呼ばれます．

解答 以下の図に解答例を示します．

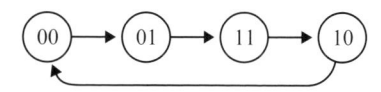

$$00 \rightarrow 01 \rightarrow 11 \rightarrow 10$$

(a) 2けたのグレイ符号カウンタの状態図

現在の状態		次の状態	
Q_1	Q_0	D_1	D_0
0	0	0	1
0	1	1	1
1	0	0	0
1	1	1	0

(b) 遷移表

$D_1 = Q_0$
$D_0 = \overline{Q_1}$

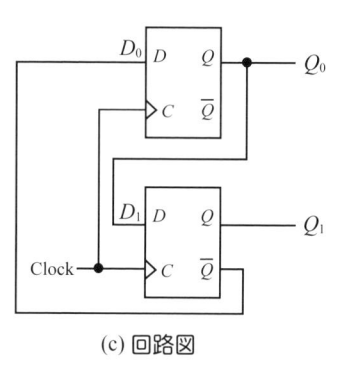

(c) 回路図

5-7 さまざまなカウンタ

キーポイント

順序回路の典型的なものにカウンタがあります．前節の例題では，簡単なカウンタをいくつか設計しました．ここでは，前節で触れなかった初期化の問題を解決し，次に D-FF を使った重要な回路要素であるレジスタ，シフトレジスタを紹介し，これを応用したカウンタについて解説します．

1 D-FF の初期化

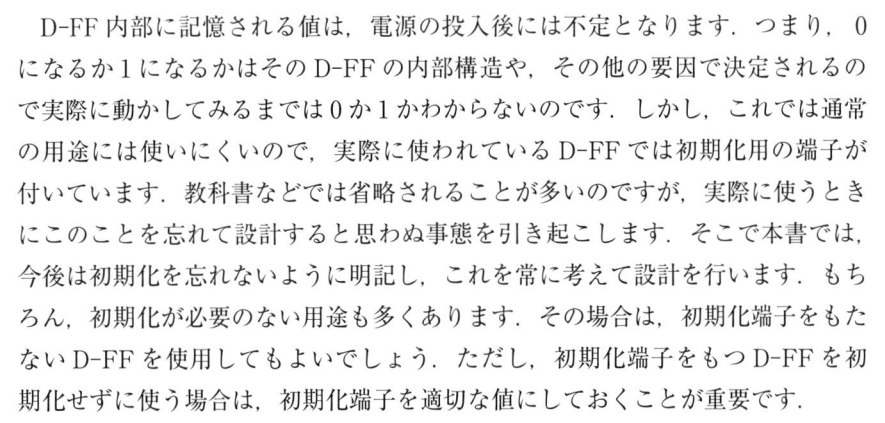

D-FF 内部に記憶される値は，電源の投入後には不定となります．つまり，0 になるか 1 になるかはその D-FF の内部構造や，その他の要因で決定されるので実際に動かしてみるまでは 0 か 1 かわからないのです．しかし，これでは通常の用途には使いにくいので，実際に使われている D-FF では初期化用の端子が付いています．教科書などでは省略されることが多いのですが，実際に使うときにこのことを忘れて設計すると思わぬ事態を引き起こします．そこで本書では，今後は初期化を忘れないように明記し，これを常に考えて設計を行います．もちろん，初期化が必要のない用途も多くあります．その場合は，初期化端子をもたない D-FF を使用してもよいでしょう．ただし，初期化端子をもつ D-FF を初期化せずに使う場合は，初期化端子を適切な値にしておくことが重要です．

図 5・21 にさまざまな初期化端子がついた D-FF を示します．

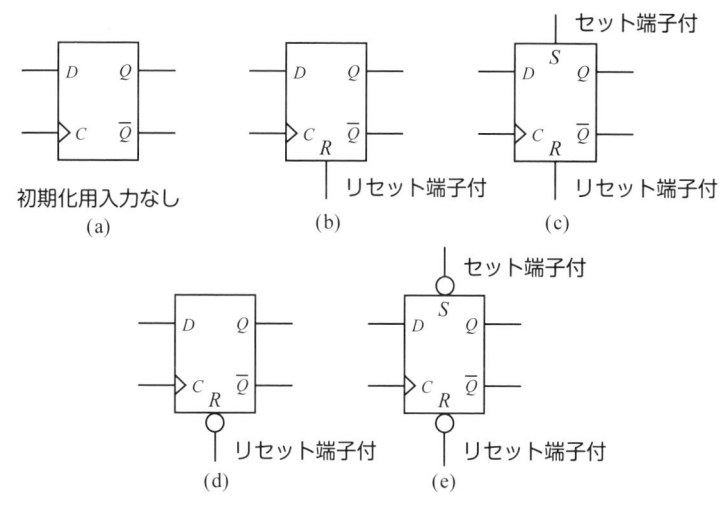

図5・21 ■さまざまなD-FFの初期化用端子

初期化には，大きく分けて非同期に初期化を行うものと，クロックに同期して初期化を行うものの2種類があります．ここでは，6章で紹介するFPGAに内蔵されているD-FFの初期化で用いられる非同期リセットと非同期セットのみを扱います．

D-FF内の記憶素子は，クロックの立上り信号が入力されない限り書き換わりません．非同期の初期化では，クロックに無関係にセットやリセットが入力されると直ちに記憶素子がその指示通りに書き換わるということです．通常，リセット端子とセット端子の両方が備わっていますが，中にはリセット端子のみの場合もあります．リセット端子やセット端子の入力部に○がついているものがあります．これは，NOT（否定）を表しており，その入力が0のときにリセット（セット）が行われることを意味しています．○がついていないものは，その端子が1のときに，これらの機能を実行するわけです．

今後，本書では，図5・21(e)に示したセット端子とリセット端子の両方に○の端子をもつD-FFで設計を進めます．実際に用いられている回路部品にこれが多いからです．表5・10に負論理の非同期リセット（$\overline{R}$で表す），非同期セット端子（$\overline{S}$で表す）をもつD-FFの動作を示します．セットとリセットに両方0を入力された場合は，リセット優先とします．通常動作時には，セットもリセットも1にして使います．

153

表 5·10 ■ 負論理の非同期リセット，非同期セット端子をもつD-FFの動作

$\overline{S}$	$\overline{R}$	Clock	D	$Q(t+1)$	$\overline{Q}(t+1)$	機　能
0	0	X	X	0	1	リセット優先
0	1	X	X	1	0	非同期セット
1	0	X	X	0	1	非同期リセット
1	1	↑	0	0	1	リセット
1	1	↑	1	1	0	セット
上記以外				$Q(t)$	$\overline{Q}(t)$	保持

2　D-FFを用いたシフトレジスタの構成

　ここでは，D-FFを直列に接続して構成するシフトレジスタについて述べます．シフトレジスタはさまざまなシステム中で使われており，どのシステム内にも必ず存在する重要な部品です．自分の設計した回路にシフトレジスタを入れなかったとしても，製造時の故障を発見する検査用にたくさんのシフトレジスタが挿入されているのです．また，直列－並列変換，並列－直列変換，ユニット間の動作速度の調整用などさまざまなところに使われています．それでは，後述のリングカウンタやジョンソンカウンタの基礎にもなっているシフトレジスタを見てみましょう．

　図5·22に2進数4けた（4ビット）のシフトレジスタを示します．D-FFを4個直列に接続して構成しています．左から1ビットの入力 d_{in} が，シフトレジスタに入力されています．クロック信号の立上りに同期して，値が各D-FFに記憶されます．このとき，一番左側のD-FFは d_{in} の値を，残りの3個のD-FFは左隣のD-FFが記憶している値を格納します．つまり，値が左から右にクロックの立上りに同期してシフトして（ずれて）いくのです．

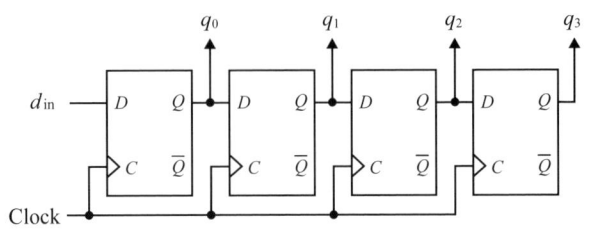

図 5·22 ■ 4けたのシフトレジスタ

3 シフトレジスタを基本とした高速カウンタ

カウンタは，文字通り何かを数えるために使われます．このほかには，次章で述べるシステム内の状態を制御するために多くのカウンタが使われます．

ここで，前節で設計した2けたの2進カウンタを，4個の異なる状態を制御する用途に使いたいとします．このとき，カウンタの動作速度は，組合せ回路での計算時間とD-FFの処理時間および信号線を信号が伝わる時間で決まります．高速にするためには，組合せ回路がなるべく簡単で信号の計算時間が少ないほうがよいのです．例題5の設計では，組合せ回路部は2個のANDゲートと1個のORゲートでした．D-FFの出力は，00, 01, 10, 11の4種類なので，これで4通りの状態が表せることがわかります．この組合せ回路部がもっと簡単であれば，カウンタは高速で動作できるはずです．

図5・23に示すリングカウンタは，シフトレジスタの出力をd_{in}にフィードバックさせたものです．初期値が，$(q_0, q_1, q_2, q_3) = (1, 0, 0, 0)$に設定できたとすると，クロックが立ち上がるたびに1が右にシフトされて，状態は $(1, 0, 0, 0)$ → $(0, 1, 0, 0)$ → $(0, 0, 1, 0)$ → $(0, 0, 0, 1)$ → $(1, 0, 0, 0)$ →……のように1が巡回することがわかります．この場合，4個の状態を表すことができ，しかも，組合せ回路部分は存在しないため高速なカウンタとなることがわかります．

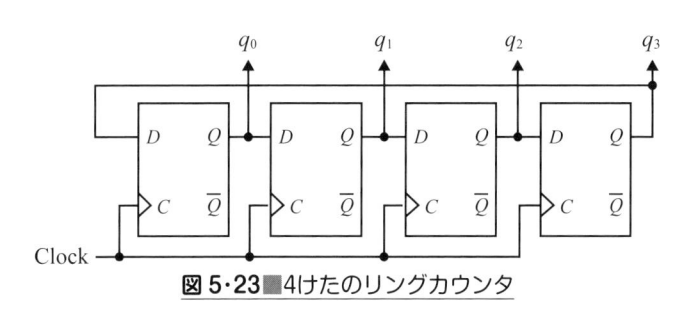

図5・23 ■ 4けたのリングカウンタ

ただし，このままでは使い物になりません．なぜなら，初期化ができていないからです．図5・23を改良して，初期化入力をつけ加えて，必ず初期化を行ってから実行するようにしてください．初期化の機構をつけたリングカウンタを**図5・24**に示します．必ず$\overline{\text{Reset}}$端子を0にしてリセットし，その後，この端子を1にして運用することになります．

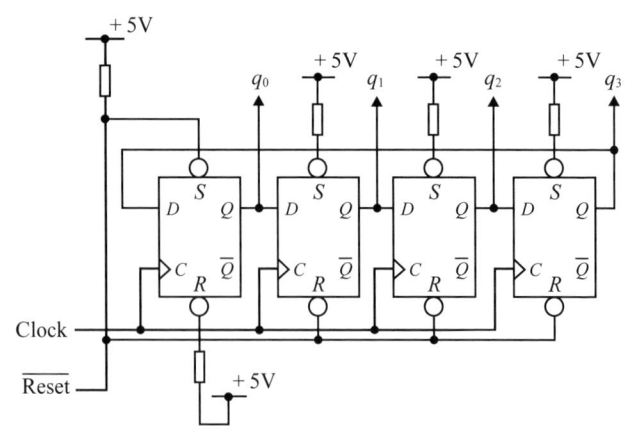

図 5・24 ■ 初期化機構付 4 けたのリングカウンタ

例題 8

　図 5・24 のリングカウンタでは四つの状態を作ることができました．D-FF の個数の倍の状態数を実現できる高速カウンタとしてジョンソンカウンタがあります．3 ビットのジョンソンカウンタは，シフトレジスタを応用した回路です．図 1 に 3 ビットのジョンソンカウンタの回路図を示します．ただし，図 1 は未完成であるため，初期値を 000 として運用することとし，図 5・24 を参考に初期化の回路を追加しなさい．また，この初期値から始めると何個の状態を表すことができるかを調べなさい．

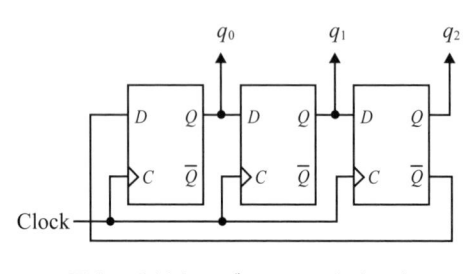

図 1　3 けたのジョンソンカウンタ

解答 図2に示すように初期化の端子を追加します．状態がどのように変化するかは，値を回路図に書いて求めてみてください．たとえば，すべての D-FF の出力 Q が 0 ならば，最終段（一番右側）の D-FF の $\overline{Q}$ の値は 1 となっています．これが一番左側の D-FF の入力 D となるから，次のクロックの立上りで 1 が取り込まれます．2段目の D-FF は，その左隣の出力がそれまで 0 であったので，0 を取り込みます．これらについては次章で学ぶ状態表（遷移表）を書けば求められます．

状態は 000, 100, 110, 111, 011, 001 の 6 状態です．

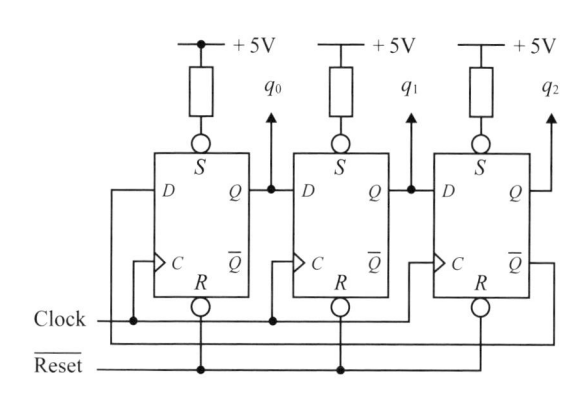

初期値を000とするために、リセット端子を使用開始時に
必ず、1回0にする．運用時には1としておく．

図2 3けたのジョンソン・カウンタ

まとめ

D-FF の初期化機構の使い方を学びました．
　シフトレジスタの動作原理，シフトレジスタを変形して実現した高速なリングカウンタとジョンソンカウンタの動作原理を理解しました．タイムチャートをかいて動作を説明できるようにしておきましょう．

練習問題

① 図5・1(b)に示した回路をNORゲートに置換したものが図5・1(c)である．NORゲートの代わりに2入力NANDゲートに置換してもRSラッチを構成できる．(a)に回路を示す．さまざまな入力を加えて，動作を解析し，動作表を完成させなさい．

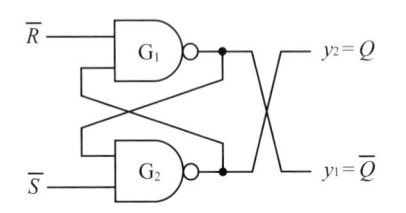

(a) NANDゲートによるRSラッチの回路実現

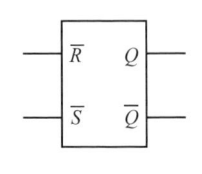

(b) RSラッチの記号

② 図の回路を警報装置として用いることにする．動作を説明し，警報装置として使うときのスイッチの使い方を説明書として完成させなさい．

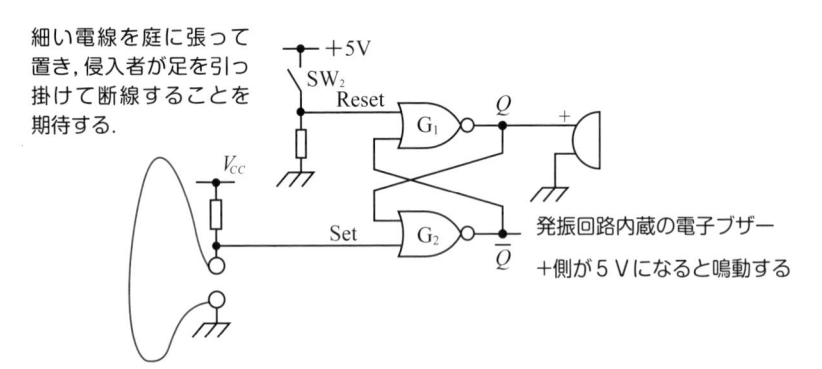

細い電線を庭に張って置き，侵入者が足を引っ掛けて断線することを期待する．

発振回路内蔵の電子ブザー
+側が5Vになると鳴動する

RSラッチを使った侵入者が線を切ると鳴動を続けるシステム

③ 図5·12のDラッチに次のタイミングチャートに示す入力を加えた．RとSの値，および出力Qの値をタイミングチャートに描きなさい．

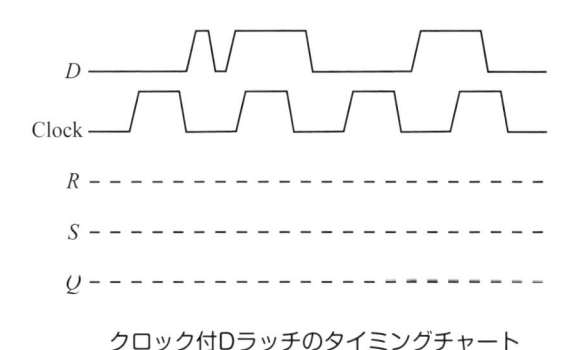

```
D
Clock
R - - - - - - - - - - - - - - - - - - - - -
S - - - - - - - - - - - - - - - - - - - - -
Q - - - - - - - - - - - - - - - - - - - - -
```

クロック付Dラッチのタイミングチャート

④ 3けたのグレイ符号カウンタを設計せよ．同時に2ビット以上の変化がないような符号の一つにグレイ符号がある．ここでは，000 → 001 → 011 → 010 → 110 → 111 → 101 → 100 → 000 → 001 → と変化するカウンタを設計すればよい．論理式を求めなさい．回路図は描かなくてよい．例題6を参考にするとよい．

⑤ 3けたのジョンソンカウンタを設計しなさい．3けたのジョンソンカウンタとは，クロック信号が立ち上がるたびに 000 → 001 → 011 → 111 → 110 → 100，そして最初の000に戻るカウンタである．論理式を求め，回路図を描きなさい．例題8を参考にするとよい．

⑥ 四つの状態を表すことが可能なジョンソンカウンタは，D-FFを何個使えば実現できるか．また，n個のD-FFを用いたジョンソンカウンタの状態数を述べなさい．また，特徴を述べなさい．

6章

順序回路の設計法

　4章までに組合せ回路の設計法を，5章では順序回路の基礎を学びました．とくに，5章では重要な構成要素である記憶回路および組合せ回路を用いて簡単な順序回路を設計しました．ここまでで，カウンタなどの代表的な順序回路は設計できますし，ディジタル回路の基礎は習得済みといってよいでしょう．

　6章では，順序回路の設計を整理して，どのような回路でも体系的に設計できる力を養います．現在では，FPGAと呼ばれる書換え可能な電子デバイスが簡単に手に入り，誰でも自分専用のハードウェアシステムを設計できるようになりました．本書では，FPGAについては具体的には学びませんが，FPGAを用いた設計を行うときに本書で理解した内容が生かされ，性能のよいシステムが設計できるようになってほしいと考えます．そこで，FPGAで回路を実現することを考慮し，知っておくべきことも含めた順序回路の設計法を述べていきます．それでは，ディジタル回路の設計の総仕上げです．がんばってください．

6-1 順序回路の表現法

6-2 順序回路の表現から回路実現へ

6-3 順序回路の動作解析

6-4 HDLによる設計

6-1 順序回路の表現法

キーポイント

組合せ回路では，入力が決まれば出力は一意的に決まりました．一方，順序回路ではそうではありません．過去の入力系列によって出力が決定されます．これはどのような意味かを知ることが大事です．現在，どのような状態にあり，そこにどのような入力が入ったらどの状態に変わるのか，そして出力はどうなるのかということをきちんと表現できることが設計の第一歩となります．前章では，直感的な説明をしましたが，ここでは表現法から実装までを手順を追って理解していきます．

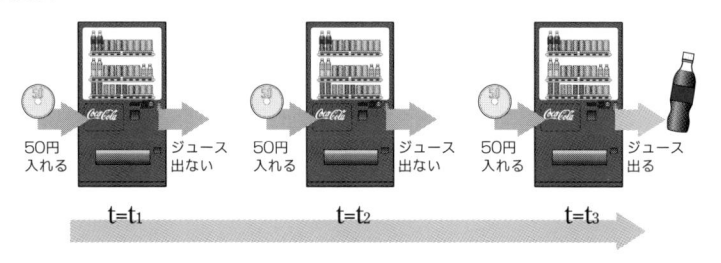

50円入れる → ジュース出ない	50円入れる → ジュース出ない	50円入れる → ジュース出る
$t=t_1$	$t=t_2$	$t=t_3$

1 順序回路とは何か？

組合せ回路は，入力を与えると出力が決定される回路です．当然，入力に対して，出力を求めるための時間は必要です．これが回路での遅延時間になります．しかし，この遅延時間を過ぎれば，必ず値が決まるのです．

順序回路は，組合せ回路と異なる以下のような回路となります．

- ディジタル回路は，組合せ回路と順序回路に分類できます．したがって，順序回路は，組合せ回路でない論理回路です．これでは，分類はできても，順序回路の本質は見えてきません．
- 組合せ回路は，入力が決まると出力が一意的に決定できる回路です．一方，順序回路は，過去の入力系列で出力が決まる論理回路です．

ここで一意的とは，一つに決まるという意味で，不確定要素はないということと考えてください．組合せ回路は，そもそも，「どのような入力を加えたらどのような出力を計算するか」を設計しているから理解できます．一方，順序回路における入力系列とは，過去にどのような入力を加えてきているかという意味です．

たとえば，自動販売機は典型的な順序回路として例によく用いられます．**図6・**

1に示す自動販売機を考えてみましょう．この自動販売機の機能と条件は，以下の通りです．

(1) 美術館の入場券の券売機．入場料は150円
(2) 50円硬貨と100円硬貨だけを使用可能
(3) 切符と釣銭50円を出す機能がある
(4) 硬貨は1枚ずつ入れる機構になっている

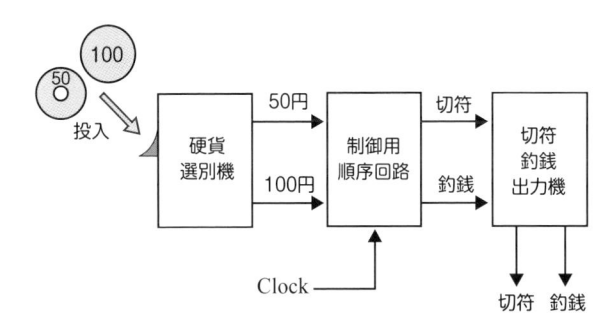

図6・1 ■ 入場券発券の自動販売機の構造

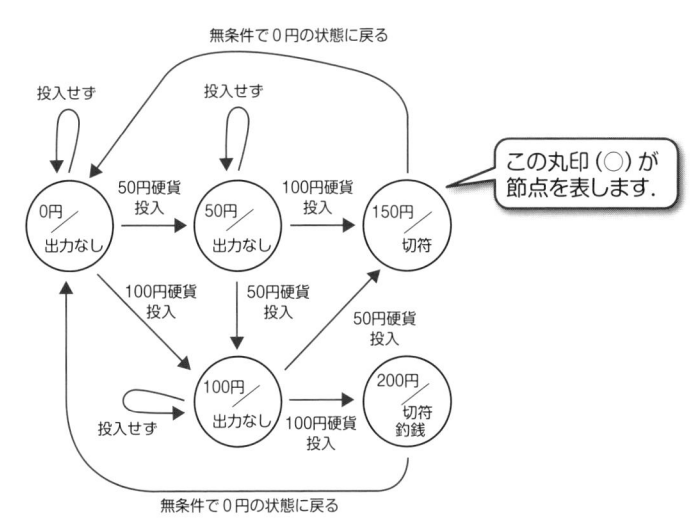

図6・2 ■ 自動販売機の動作

動作解析を**図6・2**に示します．まず，電源を入れて，お金が何も装置内にない状態を0円と節点（丸印で表す）内に書いてあります．スラッシュ(/)の右下に何を出力するかを書きます．たとえば，0円の状態で硬貨が投入されない場合

は，0円の状態に移ることを矢印（→）で示しています．当然，0円なので，入場券も釣銭も出しません．この状態から50円硬貨，100円硬貨と次々に投入していけば，150円の状態に移り，切符を出力します．ここから，すぐに0円に移動します．

図を追ってみましょう．たとえば，100円硬貨を2枚次々に投入したときはどうなるでしょうか？ この場合は，切符と釣銭の50円が出力されます．このとき，200円が自動販売機に入ったので，切符（150円相当）と釣銭の50円とを出力したら，直ちに0円の状態に戻ることに注意しましょう．

このように，どのような状態があり，そこにどのような入力が入れば，次の状態に移動するか，そしてその状態では何を出力するかを図示したものが状態図です．これを実現した回路を順序回路と呼ぶわけです．

> 過去の入力がまだわからんじゃと？ たとえば，自動販売機に50円だけ入れて切符が出てきたら，どういうことじゃ？ 普通は50円だけじゃ出ないって？ 前に誰かが100円を入れたまま立ち去っていたとしたらどうじゃ？ 過去が大事ということじゃ．過去の入力系列を知らないと出力は決まらないということの意味がわかったかの．

もう一つ，順序回路の定義を考えてみましょう．
- 順序回路は組合せ回路と記憶回路で構成され，記憶回路で現在の状態を記憶し，そこにどのような入力が入ったら次はどのような状態に移動するか（これを専門用語で遷移すると呼びます）の計算を組合せ回路で行う．

これは，5章で説明した簡単な順序回路の設計法で述べたとおりです．状態を記憶回路で，そして次に入力によって次に遷移すべき状態を計算するのが組合せ回路の役目なのです．出力は，どの状態にいるかによって決めればよいので，ここも組合せ回路部で計算できます．5章では，記憶回路(D-FF)の出力 Q をそのまま外部に出力していました．本章では，もっと複雑な場合はどうするか，さらに状態をどう表現するかを考えることにしましょう．

2 状態図と状態表

前項の図6・1を，次のような状態図として定義しておきましょう．実は，図6・1はムーア形（moore machine）という順序回路に対応した状態図です．ミーリ形（mealy machine）という順序回路に対応した状態図もあります．

(1) 定義1：ムーア形順序回路

入力の集合をX，状態の集合をQ，出力の集合をZとする．このとき，状態が入力によってどの状態に遷移するかを表す関数δ（デルタ）は$\delta: X \times Q \to Q$であり，出力の関数ω（オメガ）が $\omega: Q \to Z$で定まる順序回路をムーア形順序回路と呼びます．

> $\delta: X \times Q \to Q$がわからんじゃと？ 「×」は直積をとるという記号じゃ．これはすべての入力と状態との組合せについて，次はどの状態に移動するかを表すという意味なんじゃ．数学的に書くと難しそうじゃが，実はやっていることは，すべての状態に対して，入力がどう入ったらどこに遷移するかを書いただけじゃ．出力ωという関数は，どの状態になったらどのような出力を出すかということを書いてあるだけなんじゃ．難しいことはよいから，次からの例をみればわかると思う．本書では，後述の例題はすべてムーア形で設計することとするが，次にミーリ形の順序回路の定義も書いておくので，一応みておくとよいぞ．

(2) 定義2：ミーリ形順序回路

入力の集合をX，状態の集合をQ，出力の集合をZとする．このとき，状態が入力によってどの状態に遷移するかを表す関数δは$\delta: X \times Q \to Q$であり，出力の関数ωが$\omega: X \times Q \to Z$で定まる順序回路をミーリ形順序回路と呼びます．

> ムーア形と何が違うのかじゃと？ よい質問じゃ．$\omega: X \times Q \to Z$のところが違うのじゃ．ムーア形だと出力が状態だけで決まるが，ミーリ形は状態と入力とで決定できるということなんじゃ．つまり，自由度が大きいので，一般にミーリ形で設計したほうが回路が小さくなる可能性があるんじゃ．状態数も同じか少ないのじゃ．

> え，また質問か？ なぜ，本書はムーア形で設計するのかと？ だいぶ，鋭くなってきたの．よい質問じゃ．実は，ミーリ形は，入力が変化すると出力もクロックに関係なしに変わってしまうのじゃ．だから，本当は，入力をラッチする回路が必要なのじゃが，多くの教科書にはそれを書いておらん．だからそれを知らずに設計するとトラブルを引き起こすかもしれないのじゃ．ムーア形で設計すれば，安心感が違うというところでよいかの．

図6・2の順序回路をミーリ形で表現し，**図6・3**に示します．状態の個数（状態数）が3個に減りました．矢印に入力と次の状態に遷移するときの出力が書かれていることに注意しましょう．また，状態を表す節点の中には，出力が記載されず現在の状態（この場合は，自動販売機内に投入済みの金額）が書かれています．

状態図は，直感的に人間にはわかりやすいので，アイディアを実現する初期の

165

段階と，動作を確認するにはこれを用いるとよいでしょう．しかし，実際に順序回路を細かく設計するときには状態表を用います．図6・2に対応する状態表を**表6・1**に，図6・3に対応する状態表を**表6・2**に示します．

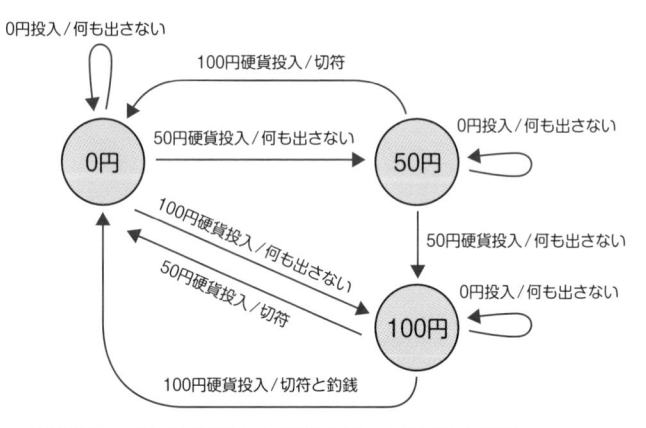

図6・3■自動販売機の動作（ミーリ形の場合）

表6・1■自動販売機の状態表（ムーア形）

現在の状態 / 出力	次の状態		
	入　力		
	0円（投入なし）	50円硬貨投入	100円硬貨投入
0円 / なし	0円	50円	100円
50円 / なし	50円	100円	150円
100円 / なし	100円	150円	200円
150円 / 切符	0円	0円	0円
200円 / 切符と釣銭	0円	0円	0円

表6・2■自動販売機の状態表（ミーリ形）

現在の状態	次の状態		
	入　力		
	0円（投入なし）	50円硬貨投入	100円硬貨投入
0円	0円 / なし	50円 / なし	100円 / なし
50円	50円 / なし	100円 / なし	0円 / 切符
100円	100円 / なし	0円 / 切符	0円 / 切符と釣銭

> **まとめ**
>
> 順序回路は，過去の入力系列によって出力が決定されます．
> 順序回路は，状態，入力，出力，状態遷移の関数，出力の関数で表現できます．
> 順序回路には，ムーア形とミーリ形があります．
> 順序回路の表現形式には，状態図および状態表があります．

例題 1

解答者が3名のクイズの早押し判定をする順序回路の状態図と状態表を書きなさい．ただし，入力スイッチは，司会者のリセットスイッチ，それぞれのクイズ解答者のスイッチが SW_1, SW_2, SW_3 である．スイッチを押すと1になり，押していないときは0である．一番先に押した人のランプが光る．解答者1のランプが光る出力は001，解答者2のランプが光る出力は010，解答者3のランプが光る出力は100とする．

解答 図に示すように，状態は S_0, S_1, S_2, S_3 の4個で，司会者がリセットスイッチを押すと，すべてのランプが消えて S_0 に遷移します．今後は，リセットされたときに，遷移する状態をわかりやすくするために，二重線で状態を表す節点を描くことにしましょう．初期状態 S_0 が現在の状態のとき，SW_i ($i=1, 2, 3$) が押されるとただちに S_i に遷移し，あとはリセットスイッチが押されるまでその状態で留まります．

初期状態 S_0 にいるときに，次に移動すべき状態へとつなぐ矢印を見てください．スイッチが，同時に2個以上1になる，つまり同時に2個以上押される場合が書いてないことに注意が必要です．今回は，早押しを判定する回路です．クロック周波数が人の動作スピードより十分早ければ，同時にスイッチを押すということは考えなくてもよいのです．逆に，だれが早く押したかを判定する回路なのですから．

いったん，誰かがスイッチを押し，その判定者に対応するランプが点灯したら，その後にほかのどのスイッチが押されてもその状態に留まっていることに注意しましょう．

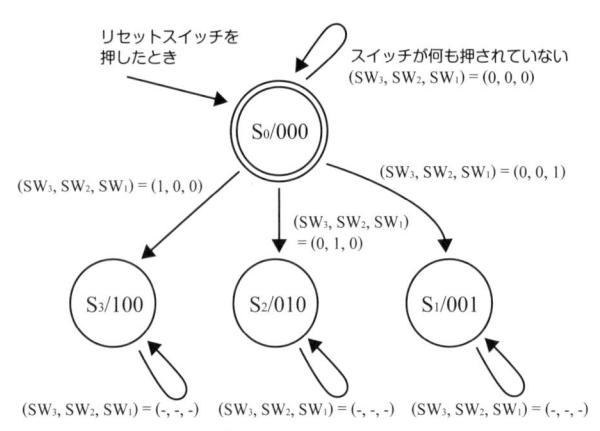

リセットスイッチを押したとき: → $S_0/000$
スイッチが何も押されていない $(SW_3, SW_2, SW_1) = (0, 0, 0)$

$(SW_3, SW_2, SW_1) = (1, 0, 0)$ → $S_3/100$
$(SW_3, SW_2, SW_1) = (0, 1, 0)$ → $S_2/010$
$(SW_3, SW_2, SW_1) = (0, 0, 1)$ → $S_1/001$

$S_3/100$: $(SW_3, SW_2, SW_1) = (-, -, -)$
$S_2/010$: $(SW_3, SW_2, SW_1) = (-, -, -)$
$S_1/001$: $(SW_3, SW_2, SW_1) = (-, -, -)$

スイッチが同時に押されることはないと想定していることに注意.
いったん S_3, S_2, S_1 の状態になったら，その後，どのスイッチが押されてもリセットされるまでそこにとどまる.

早押し判定回路の状態図（ムーア形）

早押し判定回路の状態表（ムーア形）

現在の状態 / 出力	次の状態 入力 (SW_3, SW_2, SW_1)				
	(0, 0, 0)	(1, 0, 0)	(0, 1, 0)	(0, 0, 1)	左記以外
$S_0 / 000$	S_0	S_3	S_2	S_1	―
$S_1 / 001$	S_1	S_1	S_1	S_1	S_1
$S_2 / 010$	S_2	S_2	S_2	S_2	S_2
$S_3 / 100$	S_3	S_3	S_3	S_3	S_3

例題 2

続けて3クロック期間以上1が続いたら1を出力する．それ以外は0を出力する順序回路の動作を状態図と状態表を求めなさい．

解答　以下の図の通りです．S_3でさらに1が入力されると出力は1が続くことになります．6-2節でD-FFを用いて回路を実現します．このとき，3クロック期間という意味を考えてみます．ここでは1が入力されたと判定されているのは，クロックの立上りの瞬間に1ならばそれを1として見なすということでよいでしょう．

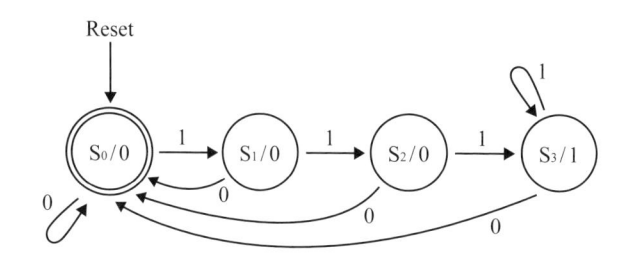

続けて3クロック期間以上1であることを判定する回路の状態図

状態表

現在の状態 / 出力	次の状態　入力 x	
	0	1
S_0 / 0	S_0	S_1
S_1 / 0	S_0	S_2
S_2 / 0	S_0	S_3
S_3 / 1	S_0	S_3

6-2 順序回路の表現から回路実現へ

キーポイント

ここでは状態図や状態表から順序回路を実現するための方法を習得します．まずは，前節で学んだムーア形とミーリ形に対応した順序回路の構造を学びます．次に，状態をどのように符号に直すかを考えます．符号化の方法によってディジタル回路の性能が変化することを理解しましょう．

1 ムーア形順序回路とミーリ形順序回路の実現

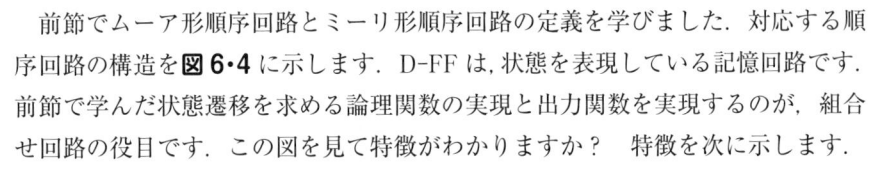

前節でムーア形順序回路とミーリ形順序回路の定義を学びました．対応する順序回路の構造を**図6・4**に示します．D-FFは，状態を表現している記憶回路です．前節で学んだ状態遷移を求める論理関数の実現と出力関数を実現するのが，組合せ回路の役目です．この図を見て特徴がわかりますか？　特徴を次に示します．

ムーア形順序回路：出力関数を求める組合せ回路の入力に注目しましょう．D-FFの出力Qを入力としています．D-FFの出力Qはクロックに同期して変化しますから，出力もクロックに同期して変化します．クロックが変化しないときは，入力が変化しても出力に影響を与えないことが特徴なのです．

ミーリ形順序回路：出力関数を求める組合せ回路は，D-FFの出力Qと入力とで計算されます．このため，クロックが変化していないときでも，入力が変化してしまうと，出力も変化する可能性があります．実用上，これでは困ることが多いので，入力をクロックでラッチする回路が必要ですが，多くの教科書でこのことに触れていないのです．

ムーア形とミーリ形共通：状態関数を求める組合せ回路は，D-FFの出力Q（現在の状態）と入力とで計算されることがわかります．

> 状態変数は，入力が変化したら変わるけどいいのかって？　そんな疑問が出るとは，ひょっとして君は下調べしてきたのか？　偉いのう．だが大丈夫じゃ．D-FFはクロックの立上りでその入力Dを取り込むからなんじゃ．だから，クロックの立上りのとき以外に組合せ回路の出力は変化しても問題はないのじゃ．しかし，君のその疑問は重要じゃ．実際の設計では，その瞬間に値が決まっていればいいだけではなくて，その前後も値が安定して変わらないことが大事なんじゃ．クロックの立上りのどのくらい前までに値を安定させ，クロックの立上り後にどのくらい後まで安定させなければいかないかという決まりがあるんじゃ．これらは，セットアップタイムとホールドタイムといい，これを満たす設計をしなければいけないわけじゃ．

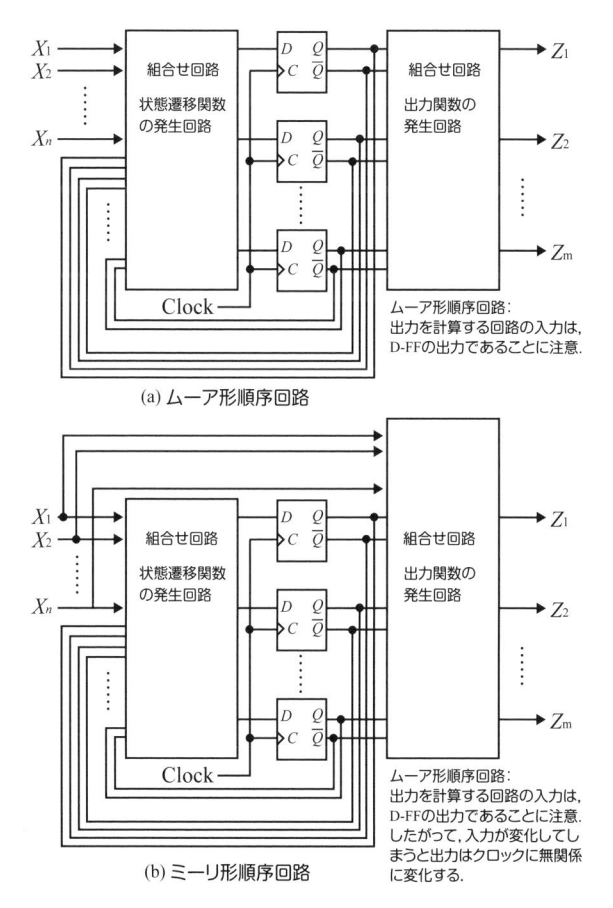

図6・4 ■ D-FFを使ったムーア形順序回路とミーリ形順序回路の構造

　図6・4の回路は，多くの教科書では，図5・8や図5・20に示したように状態遷移関数を求める組合せ回路部と，出力関数を求める組合せ回路部とを併合して描いています．ここでは，分けて描いてあることに注意してください．

2 状態割当て

状態図や状態表から図6・4に示したムーア形順序回路を実現するには，記憶回路で状態を表現しなければなりません．記憶回路には，5章で学んだD-FFを使用します．

> RS-FFやJK-FFは使わないのかって？　20世紀まではワシも大学の講義で説明したのう．昔は，ハードウェアは高かったし少しでも部品を少なくすることが重要だったんじゃ．今では，それよりもわかりやすく確実に早く設計できることや消費電力が少ないことが重要なんじゃ．わかりやすさや検証のしやすさからも，現在では皆このD-FFを使って順序回路を作っておる．それからFPGAに入っているフリップフロップもD-FFなんじゃよ．
> FPGAを知らんじゃと？　ユーザーが自由に書換え可能なハードウェア実現用の素子じゃ．スマートフォンや携帯電話の無線基地局，ディジタルテレビなどの商用の製品，大学や研究所での試作に大活躍のデバイスなんじゃ．君も学生実験で使っているのを見たことがあるじゃろ．ゼミの4年生も秋葉原でFPGAを買ってきて，論文のアイデアを試しにハードウェアで作ってみたと言っておったのう．

状態図や状態表から順序回路に直すためには，状態が何個あったかをまず調べます．たとえば，状態数が5個あったら，少なくとも何個のD-FFが必要でしょうか？　D-FFは少なくとも3個必要です．例えば，3個用いれば，出力は3ビットですから，000, 001, 010, 011, 100, 101, 110, 111の8種類を表現できます．このうち5個を使用すればよいわけです．では，一般にs個の状態があるときは，何個のD-FFが必要でしょうか？これは次式で計算できます．

最低限必要なD-FFの個数＝$\lceil \log_2 s \rceil$

ここで$\lceil x \rceil$は，シーリング関数といって，実数xに対してx以上の最小の整数を出します．たとえば$\lceil \log_2 5 \rceil = \lceil 2.3219\cdots \rceil = 3$となります．2進符号を割り当てるのなら，この個数のD-FFがあれば割り当てられます．

ほかの割当て方も知られています．**表6・3**に状態を表現する代表的な方法を3通り示します．2進符号は，文字通り2進数000, 001, 010, 011, 100, 101, 110, 111を順に割り当てる方法です．グレイコード（グレイ符号）は，前後に隣接する符号間のハミング距離が1である符号です．例えば，1から2に変化するとき2進符号だと0ビット目が1から0へ，1ビット目が0から1へ同時に2ビット変化します（001 → 010）．一方，グレイコードでは（001 → 011）となるので，1ビット目が0から1に変化するのみです．最後のワンホット符号は，全

ビット中1個のみが1で残りすべてが0であるような値を割り当てる方法です．8個の状態は8ビットで表します．この場合は，8状態を表すのに8個のD-FFを使う方法となります．

> ワンホット符号は，一見無駄に見えるじゃろ．しかし，非常に高速な回路を作るときや，この割当てにすると回路が簡単になることもあるのじゃ．詳しくは，後で説明するから楽しみにしておくとよいぞ．

> え，5個しか状態がないときはどう割り当てたらよいかって？　よい質問じゃ，例えば，2進符号なら通常は000, 001, 010, 011, 100と順に割り当てればよい．じゃが実は，割当て方は大変多いのじゃ．最初の状態S_0に割り当てられるのは8通り．次にS_1に割り当てられるのは，S_0に割り当てた残りの7通り．次々にやっていくと，最後のS_4で選べるのは4通りとなる．そうなると割当て方は $8 \times 7 \times 6 \times 5 \times 4 = 6720$通りもあるのじゃ．どの割当て方がよいかは実は大事な問題で，割当て方によって回路の大きさも性能も変わってくるんじゃ．次項の設計例を読んでいくと，それが実感できると思うぞ．

　ここで，状態を2進数で割り当てる必要がわかりました．各状態にどのような符号を割り当てるかを状態割当てと呼びます．次項では，簡単な実例を設計することでその方法を理解しましょう．

表6・3 ■ 状態を表現する代表的な符号

2進符号	グレイ符号	ワンホット符号
000	000	00000001
001	001	00000010
010	011	00000100
011	010	00001000
100	110	00010000
101	111	00100000
110	101	01000000
111	100	10000000

3 遷移表，カルノー図，回路図の作成

図6・5の状態図は，ある単純なマイクロプロセッサ（MPU）のシーケンサです．シーケンサとは，システムをある特定の決められた順序で動作するように制御する回路です．まず，状態「Init」は，初期化をするための状態です．初期化後，start信号が1になると次の状態「Fetch」に遷移します．「Fetch」は，プログラムメモリから命令を読み出す状態です．次はその命令に従って実行をする状態「Exec」に遷移します．あとは，「Fetch」と「Exec」とを交互に遷移するわけです．ここで，FetchとExecの状態間にまたがる矢印の入力はドントケアを表す「-」であることに注意しましょう．つまり，入力はどんな値でも，次のクロックには状態が遷移するということを表しています．

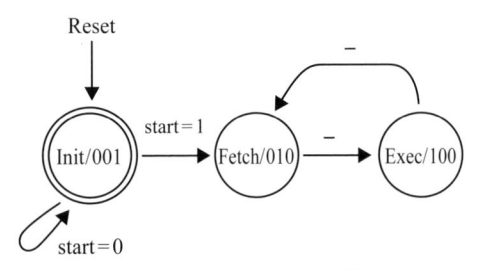

図6・5 シーケンサの状態図

この状態図から順序回路に直すステップを以下に示します．
(1) 状態図，状態表を書く
(2) 状態割当てに使う符号を決めて，状態割当てを行う
(3) 状態割当てに従って，状態表の状態名を符号に入れ替えた遷移表を作る
(4) 次の状態が，入力と現在の状態でどのように変化するのかをカルノー図に示す．そして簡単化して，状態遷移関数を表す論理式を作成する
(5) 各状態における出力のカルノー図を書き，出力関数を表す論理式を求める
(6) ステップ(4)と(5)とで求めた論理式から，回路図を描く

三つの符号割当てについて，上記のステップを示します．まずは，共通の部分の状態表となります．これを**表6・4**に示します．

表6·4■シーケンサの状態表

現在の状態／出力	次の状態 入力 start	
	0	1
Init / 001	Init	Fetch
Fetch / 010	Exec	Exec
Exec / 100	Fetch	Fetch

（1） 2進符号を状態割当てに用いる方法

三つの状態 Init，Fetch，Exec を2進符号 00, 01, 10 に割り当てます．2進符号，グレイ符号，ワンホット符号に割り当てる方法の例を**表6·5**に示します．このように，状態を符号に割り当てることを**状態割当て**と呼びます．

表6·5■状態割当ての例

状態の名称	2進符号	グレイ符号	ワンホット符号
Init	00	00	001
Fetch	01	01	010
Exec	10	11	100

ここでは，2進符号割当てで設計してみましょう．Init，Fetch，Exec の代わりにこの2進数に入れ換えた表は遷移表と呼びます．表6·4の各状態を2進符号に変更して，遷移表を作り**表6·6**に示します．

表6·6■シーケンサの遷移表（2進符号で割り当てた場合）

現在の状態／出力		次の状態 入力 start	
		0	1
状態名	$Q_1 Q_0 / Z_2 Z_1 Z_0$	$D_1 D_0$	$D_1 D_0$
Init	0 0 / 0 0 1	0 0	0 1
Fetch	0 1 / 0 1 0	1 0	1 0
Exec	1 0 / 1 0 0	0 1	0 1

図6・4(a)に相当する回路を作るのが目標です．今回の状態数は3なので，2進符号を割り当ててみます．2進符号2けた（2ビット）では，最大4状態まで表現できます．今回は3状態ですから，D-FFは2個でよいわけです．現在の状態は，D-FFの出力 Q，次の状態は入力 D です．このことより表6・5の遷移表から**図6・6**のカルノー図が書けます．カルノー図で $(Q_1, Q_0) = (1, 1)$ の部分は使わないので，ドントケアになります．簡単化した論理式を確認しましょう．

これを素直に回路図に直せば，**図6・7**の順序回路が得られます．

$D_1 = Q_0$

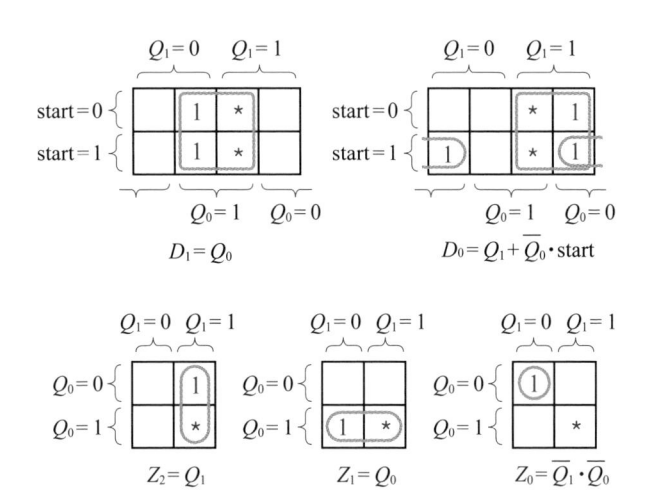

$D_0 = Q_1 + \overline{Q_0} \cdot \text{start}$

$Z_2 = Q_1$

$Z_1 = Q_0$

$Z_0 = \overline{Q_1} \cdot \overline{Q_0}$

図6・6 シーケンサの組合せ回路部の設計（2進符号割当て）

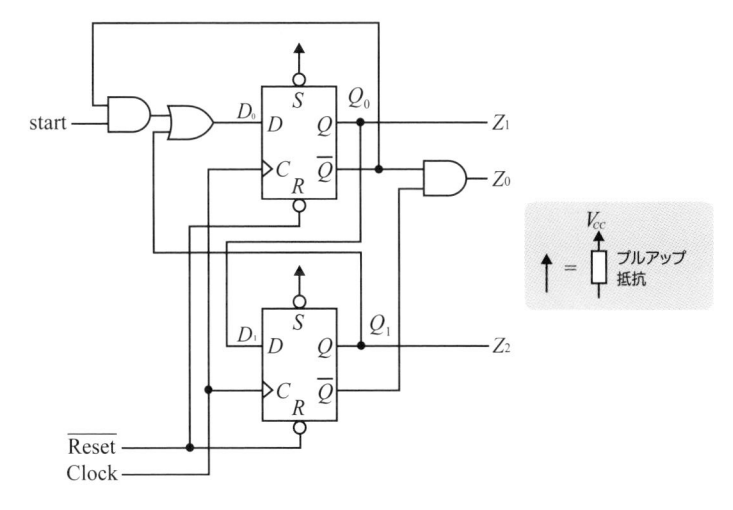

図6・7 ■シーケンサの回路図（2進符号割当て）

（2）グレイ符号を状態割当てに用いる方法

表6・5の三つの状態 Init, Fetch, Exec を符号 00, 01, 11 に割り当てます．Init, Fetch, Exec の代わりにこの2進数に入れ換えた遷移表を**表6・7**に示します．

現在の状態は，D-FF の出力 Q，次の状態は入力 D です．このことより表6・7から**図6・8**のカルノー図を求めます．カルノー図で $(Q_1, Q_0) = (1, 0)$ の部分はドントケアです．簡単化した論理式を回路図に直せば，**図6・9**の順序回路が得られます．

表6・7 ■シーケンサの遷移表（グレイ符号で割り当てた場合）

現在の状態 / 出力		次の状態	
^^	^^	入力 start	
^^	^^	0	1
状態名	$Q_1\,Q_0\,/\,Z_2\,Z_1\,Z_0$	$D_1\,D_0$	$D_1\,D_0$
Init	0 0 / 0 0 1	0 0	0 1
Fetch	0 1 / 0 1 0	1 1	1 1
Exec	1 1 / 1 0 0	0 1	0 1

$D_1 = Q_0 \overline{Q_1}$

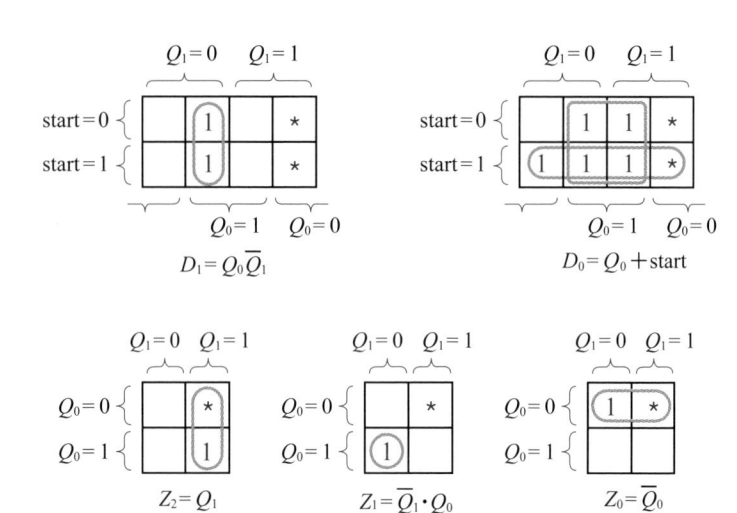

$D_0 = Q_0 + \text{start}$

$Z_2 = Q_1$

$Z_1 = \overline{Q_1} \cdot Q_0$

$Z_0 = \overline{Q_0}$

図 6・8 シーケンサの組合せ回路部の設計（グレイ符号割当て）

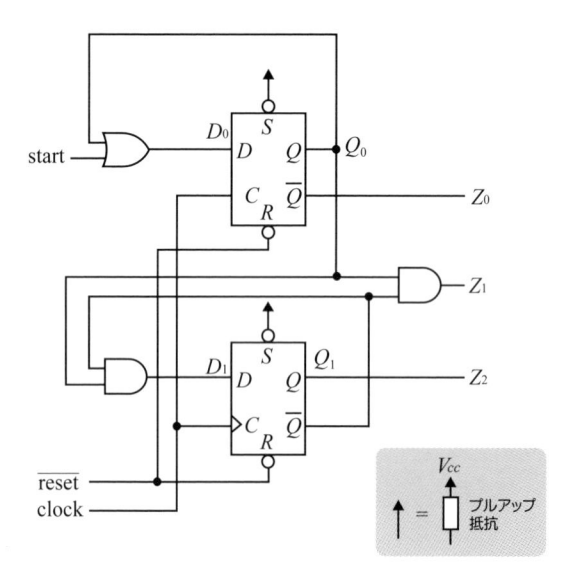

図 6・9 シーケンサの回路図（グレイ符号割当て）

178

（3） ワンホット符号を状態割当てに用いる方法

表6·5に示したように三つの状態 Init, Fetch, Exec を符号 001, 010, 100 に割り当てます．**表6·8**に遷移表を示します．D-FF は 3 個必要になります．現在の状態は，D-FF の出力 Q，次の状態は入力 D です．**図6·10**にカルノー図を示します．カルノー図の入力変数は，Q_2, Q_1, Q_0, start と 4 変数になっていることに注意しましょう．また，Q_2, Q_1, Q_0 は同時に 2 個以上 1 にならないことに注意してください．そうすると，$(Q_2, Q_1, Q_0) = (0, 1, 1), (Q_2, Q_1, Q_0) = (1, 0, 1), (Q_2, Q_1, Q_0) = (1, 1, 0), (Q_2, Q_1, Q_0) = (1, 1, 1)$ の部分は，カルノー図上で，ドントケアとしてよいわけです．また，Q_2, Q_1, Q_0 がすべて 0 の場合もドントケアです．これを利用して簡単化した論理式を確認しましょう．これを回路図に直せば，**図6·11**の順序回路が得られます．ここで，出力 Z_2, Z_1, Z_0 は，D-FF のそれぞれの出力 Q になっています．

ワンホット符号の場合は，符号のうち 1 個のみが 1 で，残りは 0 である特徴を持っています．このためカルノー図を描かずに簡単に論理式を求められます．これは後で示す例題 3 で学びます．

表6·8■シーケンサの遷移表（ワンホット符号で割り当てた場合）

現在の状態 / 出力		次の状態	
		入力 start	
		0	1
状態名	$Q_2\,Q_1\,Q_0 / Z_2\,Z_1\,Z_0$	$D_2\,D_1\,D_0$	$D_2\,D_1\,D_0$
Init	0 0 1 / 0 0 1	0 0 1	0 1 0
Fetch	0 1 0 / 0 1 0	1 0 0	1 0 0
Exec	1 0 0 / 1 0 0	0 1 0	0 1 0

$$D_2 = Q_1$$
$$Z_2 = Q_2$$

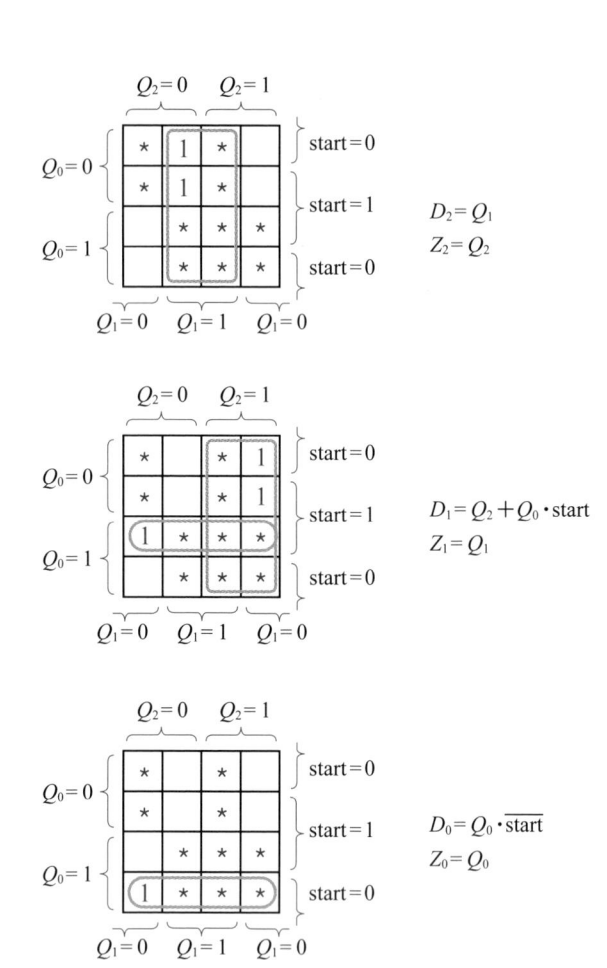

$$D_1 = Q_2 + Q_0 \cdot \text{start}$$
$$Z_1 = Q_1$$

$$D_0 = Q_0 \cdot \overline{\text{start}}$$
$$Z_0 = Q_0$$

図 6・10 ■シーケンサの組合せ回路部の設計（ワンホット符号割当て）

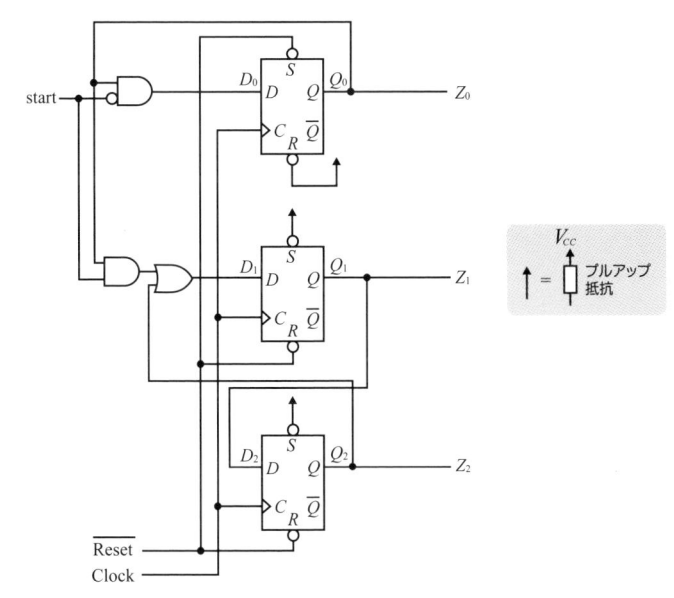

図6・11 ■シーケンサの回路図（ワンホット符号割当て）

　ここまで，同じ機能をもつ順序回路について3種類の状態割当てを用いて設計した例を示しました．状態割当てによって完成した回路が異なるのに気づいたことでしょう．このような簡単な回路ではあまり差が出ないのですが，実際に使用する規模の大きな回路では，状態割当てによって，回路の大きさやその動作スピードに差が出ることがあります．ですから，実際に設計する場合に，どうしても必要な動作速度が得られなければ，状態割当てを変更してみるとよい場合があるのです．手作業で設計するのなら，状態割当てを変えるのは，この程度の簡単な回路ならカルノー図を使って設計できますが，それでも大変な労力です．設計間違いが入らないように細心の注意も必要です．これ以上の大きな複雑な回路ではどのように設計すればよいのでしょうか？

　実は，手作業で設計してはいけないのです．なぜなら人間が設計に介入すれば介入するほど，ミスが起こる可能性は高まるからです．これまでの学習で皆さんも設計できるようになったのに無駄だったのでしょうか？　答えは，NO です．無駄ではないのです．

　次節で簡単に紹介する HDL (Hardware Description Language) を用いて回路を記述するならば，このカルノー図に相当する簡単化の部分は，論理合成ツール

が自動で行ってくれるのです．では，皆さんが本書をすべてマスターした後には，何をするのでしょうか？　それは，どのような動作をするか，そしてそれをどのように細分化して各部品を設計していけばよいかを考えるのです．そして状態図や状態表をかけるようになることが重要なのです．状態表が書ければ，これをHDLで記述すればよいのです．状態割当てによってできあがる回路も変わり得ることを皆さんは理解しています．例えば，今まで学習した3種類の状態割当てを試してみるとよいでしょう．ほかの状態割当ても簡単に試せます．残念ながら自動合成のツールは，そのようなことを今のところ自動化してくれません．いくつかの合成された回路を選択するのは，設計者である皆さんです．一番大事な，実現すべき機能をどのような部分に分解し，それをどのように組み合わせ，個々の部分はどのような動作なのか，そしてそれをどのような構造で実現するかを設計するのは，皆さんの頭脳に依存します．ツールによる合成ができるようになった現在でも性能が高く，消費電力が少なく，正しく動く回路を設計するのは，皆さん自身なのです．

まとめ

　順序回路の構成法には，ムーア形順序回路およびミーリ形順序回路があります．

　一般にムーア形順序回路のほうが，ミーリ形順序回路よりも状態数や回路の大きさの点でいえば不利になります．しかし，ミーリ形順序回路を使うには，入力をクロックに同期してラッチする回路も必要であり，一般に安心な回路としてはムーア形がおすすめです．

　ディジタル回路で順序回路を実現するためには，0と1のビット列で状態を表します．これを状態割当てと呼びます．

　状態割当てによって，回路の性能や大きさは異なります．

　状態割当てに用いる符号の代表例として，2進符号，グレイ符号，ワンホット符号があります．これ以外にも割当て方法は無数に存在します．

　状態表と状態割当てから遷移表を作ることができます．

　遷移表ができれば，あとは手順に則って組合せ回路部の設計を行えばよいです．

　最後にでき上がった回路が所望通りの動作をするか，性能を有しているかを確認します．これについては次節で述べます．

例題 3

例題1の図および表に示した早押し判定器をワンホット符号で状態を割り当てて設計しなさい.

解答 以下に遷移表および回路図を示します.

早押し判定回路の遷移表

現在の状態				次の状態（スイッチ (SW_3, SW_2, SW_1) の入力別)																			
				(0, 0, 0)				(0, 0, 1)				(0, 1, 0)				(1, 0, 0)				左記以外			
Q_3	Q_2	Q_1	Q_0	D_3	D_2	D_1	D_0	D_3	D_2	D_1	D_0	D_3	D_2	D_1	D_0	D_3	D_2	D_1	D_0	D_3	D_2	D_1	D_0
S_0	0	0	0	1	0	0	0	1	0	0	1	0	0	1	0	0	1	0	0	0	*	*	*	*
S_1	0	0	1	0	0	0	1	0	0	0	1	0	0	0	1	0	0	0	1	0	0	0	1	0
S_2	0	1	0	0	0	1	0	0	0	1	0	0	0	1	0	0	0	1	0	0	0	1	0	0
S_3	1	0	0	0	1	0	0	0	1	0	0	0	1	0	0	0	1	0	0	0	1	0	0	0

早押し判定の状態図の状態数は, 4個です. ワンホット符号でこれを符号化し, 4個のD-FFを用いて順序回路を実現します. 状態図から, ワンホット符号で $S_0 : (Q_3, Q_2, Q_1, Q_0) = (0, 0, 0, 1)$, $S_1 : (Q_3, Q_2, Q_1, Q_0) = (0, 0, 1, 0)$, $S_2 : (Q_3, Q_2, Q_1, Q_0) = (0, 1, 0, 0)$, $S_3 : (Q_3, Q_2, Q_1, Q_0) = (1, 0, 0, 0)$ と表します.

ここで都合がよいことに, 出力 Z_3, Z_2, Z_1 は, D-FF の上位3ビットをそのまま出力すればよいことに気づきます. つまり, $(Z_3, Z_2, Z_1) = (Q_3, Q_2, Q_1)$ とすればよいのです.

カルノー図で簡単化するには, 状態を表すD-FFの出力4ビットとスイッチ入力3ビットの合計7ビットを扱う必要があります. 5変数のカルノー図は4変数のカルノー図を2個組み合わせれば実現可能です. 6変数では, 4変数のカルノー図を4個, 7変数では4変数のカルノー図をなんと8個も組み合わせて求める必要があります. これでは, 実用的とはいえません. そこで, ここではカルノー図を使わずに, 論理式を求める方法を示します. その後, ワンホット符号の特性を利用してより簡単な論理式を得る方法を述べ, 最後に, 本例題の題意からさらに簡単になることを示します.

（1） 簡単化されてはいないが，とりあえず動作する論理式の求め方

先に示した遷移表を見ます. D_0 の論理式を求めるために, D_0 の欄が1になっ

ているところのみに注目します．1行目，つまり $(Q_3, Q_2, Q_1, Q_0) = (0, 0, 0, 1)$ のときで，列はスイッチ $(SW_3, SW_2, SW_1) = (0, 0, 0)$ のときのみ，次の状態で $D_0 = 1$ となっています．これを単純に論理式に表せば

$$D_0 = \overline{Q_3} \cdot \overline{Q_2} \cdot \overline{Q_2} \cdot Q_1 \cdot \overline{SW_3} \cdot \overline{SW_2} \cdot \overline{SW_1}$$

となります．これは文章で表せば，D_0 が 1 になるのは「現在 S_0 という状態にいる」かつ「このとき，スイッチが何も押されていない」ときに限るわけです．これを論理式に書けば，現在「S_0 にいる」の部分を $\overline{Q_3} \cdot \overline{Q_2} \cdot \overline{Q_2} \cdot Q_1$ で表し，「スイッチがすべて押されていない」というのを $\overline{SW_3} \cdot \overline{SW_2} \cdot \overline{SW_1}$ で表せます．

同様に D_1 の論理式を作ってみましょう．まず，表で D_1 が 1 になっている箇所を見てください．D_1 が 1 になるのは，「現在 S_0 にいて，SW_1 だけが押されたとき」または「現在 S_1 にいる」となっていることに気がつきます．なぜ，現在 S_1 にいるという表現でよいかは，すべての列の次の状態が同じだからです．これは，スイッチの入力に依存していないことを意味しています．これを素直に論理式に書けば，D_1 の論理式を得られます．

$$D_1 = \overline{Q_3} \cdot \overline{Q_2} \cdot \overline{Q_1} \cdot Q_0 \cdot \overline{SW_3} \cdot \overline{SW_2} \cdot SW_1 + \overline{Q_3} \cdot \overline{Q_2} \cdot Q_1 \cdot \overline{Q_0}$$

同様に

$$D_2 = \overline{Q_3} \cdot \overline{Q_2} \cdot \overline{Q_1} \cdot Q_0 \cdot \overline{SW_3} \cdot SW_2 \cdot \overline{SW_1} + \overline{Q_3} \cdot Q_2 \cdot \overline{Q_1} \cdot \overline{Q_0}$$

$$D_3 = \overline{Q_3} \cdot \overline{Q_2} \cdot \overline{Q_1} \cdot Q_0 \cdot SW_3 \cdot \overline{SW_2} \cdot \overline{SW_1} + Q_3 \cdot \overline{Q_2} \cdot \overline{Q_1} \cdot \overline{Q_0}$$

を得られます．

（2） ワンホット符号割り当てを活用した論理式の求め方

（1）の方法でも正しく動く順序回路は作れます．この方法は，多変数の論理関数の論理回路を作らなければならないときにぜひ覚えておいてください．ただ，このままでは簡単化された論理式ではありません．無駄なゲートが多いのです．ワンホット符号割当てだと，より簡単化された論理式を得られます．この方法により本例題を解いてみます．

ワンホット符号の特徴を思い出しましょう．四つの状態 S_0, S_1, S_2, S_3 を表すのに 4 ビットを使い，1 であるのは 4 ビット中ただ 1 ビットのみです．これを利用するのです．たとえば，（1）の文章は次のようになります．D_0 が 1 になるのは，「現在 S_0 という状態にいる」かつ「このとき，スイッチが何も押されていない」ときに限るわけです．これを論理式に書けば，現在「S_0 にいる」の部分を Q_1 で表します．これは，$Q_1 = 1$ であるという意味と同じです．なぜ，$Q_3 = 0$, $Q_2 = 0$, $Q_1 = 0$ のことを式として表さなくてよいのかというと，状態を表すのに 4 ビッ

ト中1は1個だけと決めたので，$Q_1 = 1$ であることが，残りの3ビットは0であることを示しているからです．これと「スイッチがすべて押されていない」というのを $\overline{SW_3}\cdot\overline{SW_2}\cdot\overline{SW_1}$ で表せるので，結局，D_1 は以下の論理式で表せます．最後の部分は単にド・モルガンの法則を使って NOR に書き換えただけです．

$$D_0 = Q_1\cdot\overline{SW_3}\cdot\overline{SW_2}\cdot\overline{SW_1} = Q_1\cdot\overline{SW_3+SW_2+SW_1}$$

同様に，残りの D_1, D_2, D_3 を簡単な論理式で表してみましょう．D_0 の場合と同様に，現在の状態を表すのに4変数を使う必要がなく，1である変数のみを使えばよいので，以下のように書き換えられます．

$$D_1 = Q_0\cdot\overline{SW_3}\cdot\overline{SW_2}\cdot SW_1 + Q_1$$
$$D_2 = Q_0\cdot\overline{SW_3}\cdot SW_2\cdot\overline{SW_1} + Q_2$$
$$D_3 = Q_0\cdot SW_3\cdot\overline{SW_2}\cdot\overline{SW_1} + Q_3$$

（3） 題意を利用した論理式の簡単化

もう少し簡単にならないでしょうか．今度は，ワンホット符号を利用するのではなく，この問題の題意を利用します．D_1 が1になるのは，SW_1 が押されたときです．今回の早押し判定では，人間の動作が順序回路のクロック周波数に比べ動作がはるかに遅いので，同時に2個以上のスイッチが押される可能性はないと仮定して設計してもよいはずです．ですから，D_1 が1になるのは，現在 S_0 にいて，SW_1 が押されたとき（ほかのスイッチは押されていないとする）と考えてよいはずです．これを利用すれば，D_1, D_2, D_3 の論理式はさらに簡単化され

$$D_1 = Q_0\cdot SW_1 + Q_1$$
$$D_2 = Q_0\cdot SW_2 + Q_2$$
$$D_3 = Q_0\cdot SW_3 + Q_3$$

となります．これを回路図に直せば次の図が得られます．

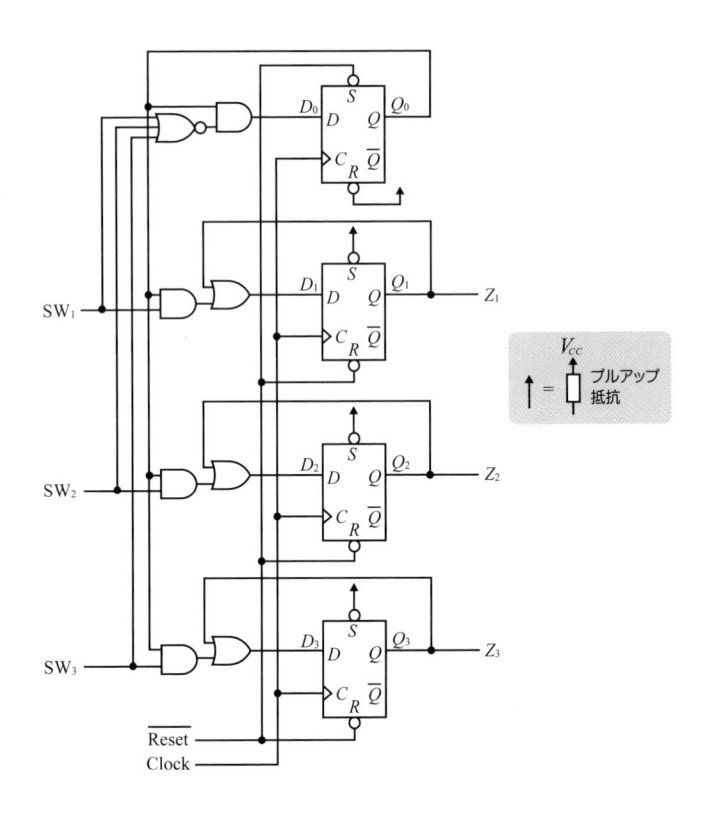

早押し判定回路（ワンホット符号割り当て）

6-3 順序回路の動作解析

前節までで与えられた仕様を満たす順序回路をどのように設計するかを学びました．本節では，順序回路だけを見て，これがどのような動作をするかを解析する方法を学びます．このことにより，設計した回路は，正しく仕様どおりに作られたかを確かめられますし，設計時に検討すべき事項の抜けがないかなどを考られます．つまり，これはとても重要な作業なのです．また，試験にも出しやすい内容です．

1 順序回路からの状態表・状態図の作成

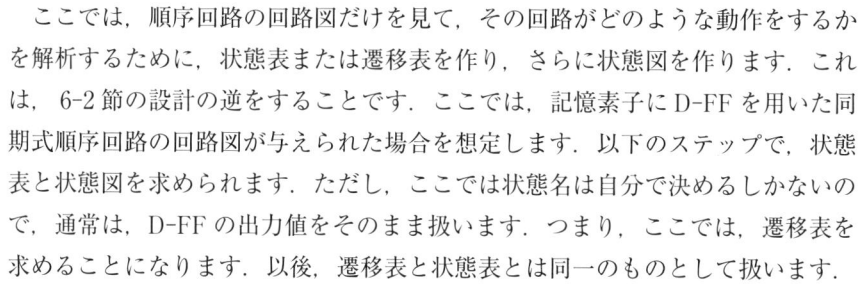

ここでは，順序回路の回路図だけを見て，その回路がどのような動作をするかを解析するために，状態表または遷移表を作り，さらに状態図を作ります．これは，6-2節の設計の逆をすることです．ここでは，記憶素子にD-FFを用いた同期式順序回路の回路図が与えられた場合を想定します．以下のステップで，状態表と状態図を求められます．ただし，ここでは状態名は自分で決めるしかないので，通常は，D-FFの出力値をそのまま扱います．つまり，ここでは，遷移表を求めることになります．以後，遷移表と状態表とは同一のものとして扱います．

- 入力変数の確認（変数名と個数）
- 出力変数の確認（変数名と個数）
- 状態変数の確認（変数名と個数，個数はD-FFの個数を数えればよい）
- 出力変数を表す論理式を回路から求める
- 状態変数を表す論理式を回路から求める
- 遷移表（状態表）に上記の情報から値を計算し記載する
- 遷移表（状態表）から状態図を描く

図6・12に示す順序回路の動作解析をしてみましょう．

この順序回路は，クロック端子がついた同期式順序回路のようです．入力はありません．D-FFの出力をそのまま外部への出力としています．ですから状態変数 (Q_2, Q_1, Q_0) と出力変数 (y_2, y_1, y_0) とは等しいことがわかります．次の状態を示すD-FFへの入力 D の論理式は，図中に示したように D_2 のみ y_0 と y_1 との排他的論理和 (Exclusive OR) をとったものですが，残りの D_1 と D_0 は左側の

図6・12 ■謎の順序回路1

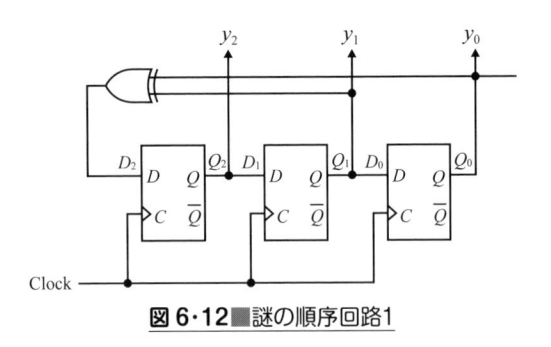

D-FFの出力を単に入力しているだけです．したがって，以下のような論理式が得られます．

$$D_0 = Q_1, \quad D_1 = Q_2, \quad D_2 = Q_1 \oplus Q_0 = \overline{Q_1}Q_0 + Q_1\overline{Q_0}$$

表6・9 ■謎の順序回路の遷移表

現在の状態			次の状態		
Q_2	Q_1	Q_0	D_2	D_1	D_0
0	0	0	0	0	0
0	0	1	1	0	0
0	1	0	1	0	1
0	1	1	0	0	1
1	0	0	0	1	0
1	0	1	1	1	0
1	1	0	1	1	1
1	1	1	0	1	1

同じ

　これらの事実から，遷移表を書いて**表6・9**に示します．まず，(D_1, D_0)は，単に出力(Q_2, Q_1)を記入するだけです．D_2のみQ_0とQ_1との排他的論理和を計算し，表に記入していきます．この遷移表からだけでは，順序回路の動作はよくわからないので，遷移表から状態図を描きましょう．たとえば，現在$(0, 0, 0)$にいるとすると次の状態も$(0, 0, 0)$となります．現在$(0, 0, 1)$なら次は$(1, 0, 0)$となりま

す．これを継続すると，$(0, 0, 1) \rightarrow (1, 0, 0) \rightarrow (0, 1, 0) \rightarrow (1, 0, 1) \rightarrow (1, 1, 0) \rightarrow (1, 1, 1) \rightarrow (0, 1, 1) \rightarrow (0, 0, 1)$ に戻ることがわかります．これを図示すると図 6・13 となります．これらをまとめると以下のようなことがわかります．
- 状態数は 8 個．
- 初期値が $(0, 0, 0)$ だとするとクロック入力にかかわらず，出力（状態）は，変化せずに同じ状態にいつまでもとどまる．
- 初期値が $(0, 0, 0)$ 以外であれば，クロック入力の立上りで次々と変化し，図 6・13 に示すように七つの状態を遷移していく

以上により，順序回路の動作解析を終えることができました．

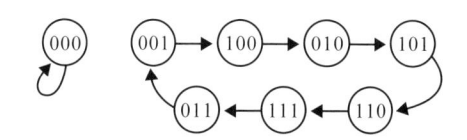

図 6・13 ■ 謎の順序回路の状態図

これは LFSR (linear feedback shift register：線形帰還シフトレジスタ) と呼ばれている擬似乱数を出す回路などに使われている．この例では，3 ビットで系列の長さが 7 個の擬似乱数を発生させている．D-FF の個数を増やせばもっと長い系列の擬似乱数も発生できるんじゃ．

この回路を擬似乱数発生回路として使うには，初期値が $(0, 0, 0)$ であっては困ることが動作解析でわかりました．そこで，初期化のための信号を入れ，$(0, 0, 1)$ が初期値になるような回路にリセット入力を付け加えます（**図 6・14**）．この回路の状態図を描くと，**図 6・15** となります．

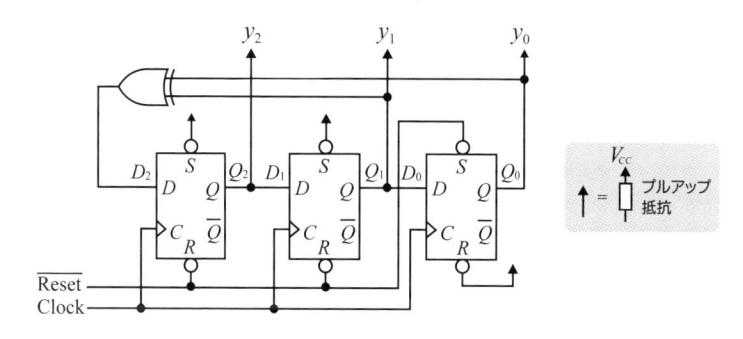

図 6・14 ■ 初期化入力を設けた LFSR

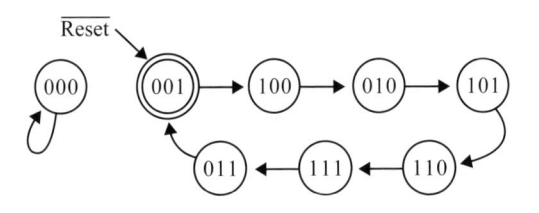

図6・15 3ビットのLFSRの状態図

まとめ

　回路図からその順序回路がどのような動作をするかを調べるのが動作解析の主要な目的です．

　本節では，回路の動作を調べることでより深く設計を理解することになるという立場なので，回路の性能や長所・欠点を調べることはしませんが，実際の事例では，これらも考えなければいけないことがあります．

例題 4

図に示す順序回路の動作解析を行いなさい．

図1　謎の順序回路2

解答
- クロック端子をもつDフリップフロップ3個と2入力ORゲート1個で構成された同期式順序回路です．
- 入力はなく，出力は (y_2, y_1, y_0) の3個です．
- $D_0 = Q_1$，$D_1 = Q_2$，$D_2 = Q_0 + Q_1$
- 遷移表を表1に示します．
- 遷移表から状態図を描きます（図2）．この状態図のような動作をする同期式順序回路であることがわかります．

表1 順序回路の遷移表

現在の状態			次の状態		
Q_2	Q_1	Q_0	D_2	D_1	D_0
0	0	0	0	0	0
0	0	1	1	0	0
0	1	0	1	0	1
0	1	1	1	0	1
1	0	0	0	1	0
1	0	1	1	1	0
1	1	0	1	1	1
1	1	1	1	1	1

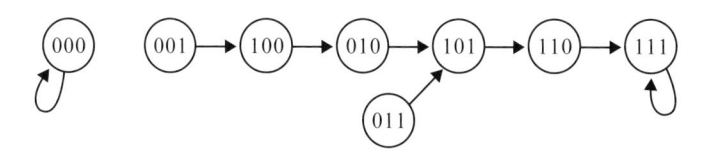

図2 図1の順序回路の状態図

6-4 HDLによる設計

キーポイント

　論理回路を表現し，それを手作業で設計を行い，組合せ論理回路や順序回路の設計を行ってきました．これは，初心者にとっては大事なトレーニングです．しかし，もっと大きな回路を設計するときに，同じような方法で設計していては，時間がかかりますし，不具合が解消しないなど現実的ではありません．そこで，Verilog HDL や VHDL などのハードウェア記述言語 (HDL) を用いて，実現したい回路の動作を記述し，それを自動合成して論理回路を生成するのです．HDL についての詳細な紹介は，スペースの関係でほかの教科書を参照していただき，ここでは今まで設計した回路を HDL でどのように記述し，それが実際にはどのような回路になって実現されるのかをみてみます．

1 組合せ回路の HDL 記述例と合成された回路

　ここでは，加減算器（足し算と引き算を行う回路）を Verilog HDL と呼ばれるハードウェア記述言語で記述します．また，論理合成システムでどのような回路に置換されるのでしょうか．以下に Verilog HDL での記述例を示します．

〈加減算器を Verilog HDL で記述した例〉

```
module add_sub(a, b, op, result);
    input [7:0] a, b;
    input op;
    output [7:0] result;
    reg [7:0] result;
    always@(a or b or op)begin
       if(op)begin
            result <= a - b;
       end
       else begin
            result <= a + b;
       end
    end
endmodule
```

moduleという文で始まり，endmoduleで終わるのですが，これが一つの部品 (module) の定義の仕方です．プログラミング言語に似ています．次に，どのような入力と出力とがあるかを宣言します．8ビットの入力aとbとがあり，それに対しどのような演算を行うかを指示する入力がopです．

次にalways@()という文があります．これは()内に書かれた信号が変化したとき，always@()以降のbeginとendとで囲まれた部分（ブロック）に実行したい内容を書きます．また，このブロック内で<=は代入，代入の左に来るresultはreg（レジスタ）宣言をalways@()文の前に宣言します．細かいことは，今は理解する必要はありません．opの値によってresultに異なる値を代入していることだけを理解すればよいです．op=0の場合，a+bをresultに出力し，op=1の場合はa−bをresultに出力します．

これを論理合成システムで処理をすると，図6・16に示す回路がブロック図の形で合成されたことが示されます．ここでは，Altera社のQuartus II ver13.0.1を用いました．さらに詳細に見ていくと4-6で設計した回路と同じものが生成されています．

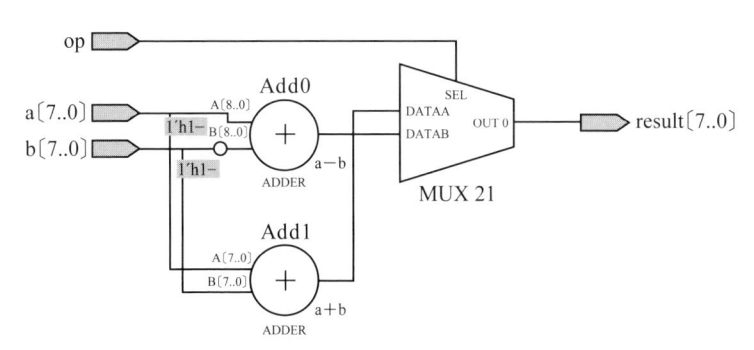

図6・16 ■論理合成システムが生成した加減算器のブロック図

これを4章までで学んだ知識で設計することはもちろん可能ですが，実際に8ビット分の機能を間違えずにゲート回路で実現するのは大変な手間です．

> 実は，この回路は，もう少し凝った設計もできるんじゃ．a, bが2の補数形式で実現されていることに気がつけば，bの各ビットとopとの排他的論理和とaを加算し，さらに最下位ビットにopを足せば加減算が実現されるんじゃ．しかし，大事なことは，実行したいことを素直に書けばとりあえず動くハードウェアができることなんじゃ．楽な時代になったもんじゃ．

自動合成があれば，ここまで勉強してきたことは，無駄だったのでしょうか？
答えは NO です．自動合成は万能ではありません．ただ単に HDL の文法を知っ
ているだけで記述した回路は，性能が悪かったり，合成された回路が大きすぎて
実用には適さない場合があるのです．どのような技術で自動合成されているか，
回路が実現されているかを理解していないとよい HDL の記述はできません．

> HDL の記述の仕方を単に文法と例題のみで知ったかぶりで書いて
> いると痛い目にあうことがあるんじゃ．この本書でしっかり学んだ
> 君たちは，どのように回路が作られているかを知っているから，実
> 際に HDL を書くときはそれを思い出して書くとよいぞ．良い回路
> と悪い回路ではすぐに数 10 倍〜数千倍の性能の差が開くからのう．

2 順序回路の HDL 記述と合成された回路

ここでは，10 進カウンタを設計してみましょう．Verilog HDL での記述を以
下に示します．ツールで自動合成した回路のブロック図を**図 6・17** に示します．

⟨10 進（Binary Coded Decimal）カウンタの Verilog HDL 記述例⟩
```
module bcd_count(clock, reset_N, count);
    input clock;
    input reset_N;
    output count;
    reg [3:0] count;
    always@(posedge clock or negedge reset_N)begin
        if(!reset_N)begin
            count <= 4'd0;
        end else if (count == 4'd9)begin
            count <= 4'd0;
        end else begin
            count <= count + 4'd1;
        end
    end
endmodule
```
入力は，クロック信号（clock），負論理のリセット信号（reset N），出力は

194

10進数をBCD（4ビットの2進化10進数）で表現しcountに出力しています．
　リセット信号が0であることがリセットしたことであり，countを0にします．
countの値が10進数（decimal）の9になったら次は0にします．それ以外は，
今の値に1を足すという記述です．

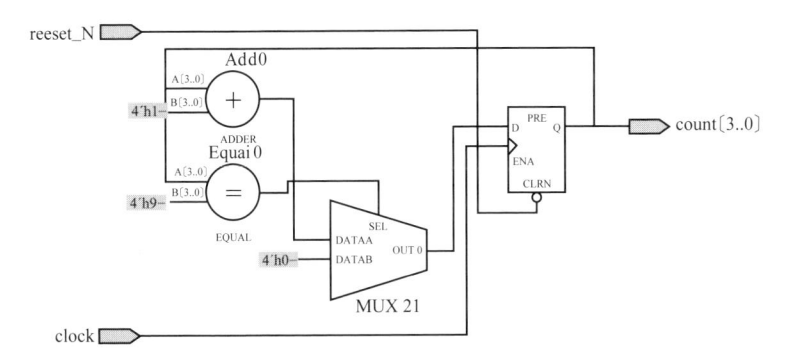

図6・17■合成された10進カウンタのブロック図

　リセット信号が入力されたら0にリセットし，クロック信号の立上りで1を増やします．1を増やすときも，組合せ回路のHDL記述でも使ったように単に＋と書けばよく，9になったら0に戻すという記述はif文を使って書くだけです．複雑な機能の場合でも，C言語と同じような感覚で記述できるため，設計時間は大幅に短縮できます．どのような順序回路をD-FFおよび組合せ回路で作るかというアイディアが頭の中にあって，それをHDLで書く場合は性能のよいものが書けることが多いのです．一方，単にC言語と同じ感覚で実行したいことを書くと性能の悪いできそこないの回路が作られることもあります．5章と6章で学んだことをHDLに置き換えて記述するのだという感覚が非常に重要です．Verilog HDLに関しては，本書では紙面の関係でここまでの紹介にとどめますが，簡単に書けそうと感じたらさらに学習してみてほしい内容です．

3 論理回路の設計において考えるべきこととは？

今まで，論理回路の設計法を学んできました．最後に，設計をするときに考えるべきことを述べておきましょう．

- **設計する回路の目的は何か？ 何をするためのものか？**
- **入力は何か，出力は何か，必要な機能は何か？**

ここまでは，皆さんがすでに学んできたものを応用すれば実現できるでしょう．これがわかれば

- **正しく動くこと．バグが潜んでいないこと**

まず第一に設計していけばよいのです．学習中の皆さんは，どんどん設計をしてみることを勧めます．また，たくさんの設計例を見て学ぶことも重要でしょう．しかし，実際に製品を作るときはまた違う観点で考えなければなりません．少し変に聞こえるかもしれませんが，なるべく設計はしないほうがよいのです．既存の設計や部品で実現できるならば，それらが正しいことが知られているのなら積極的に使いましょう．自分で新しく設計するときにバグ（不具合や想定外の入力に対する不完全なエラー処理）が含まれることがあるからです．しかし，性能などに対する要求には以下のようなものがありますが，それらを満たせない，あるいは全く新しい機能をもつ回路なので既存部品がないということがあります．そのときは，新しく設計をするわけです．以下に数々の要求を示します．

- **スピードに対する要求**
  - 入力を入れてから計算して出力が求まるまでの時間の制限はどのくらいか？（レイテンシ）
  - 1秒間にどのくらいのデータ量を処理できるか？（スループット）
- **面積に対する要求**
  - どのくらいのサイズで実現できるか？ トランジスタ数，ゲート数，部品点数など．
- **消費電力に対する要求**
  - 最高スピードのときに許される消費電力の上限
  - 通常使用のときに求められる消費電力
  - 待機時に求められる消費電力
  - 電源の種類など

- 精度に対する要求
- 信頼性に関する要求
    - 耐久性に対する要求
    - 温度特性に対する要求
    - 耐放射線に対する要求
    - 耐雑音性に対する要求
    - 二重化，三重化などの高い信頼性をシステムとして実現するか否か
- 第3者によって内容を読み取られて悪用される可能性があるか否か
- 機能変更が行われる可能性はあるか否か

　実際の開発では以上のような数々の要求があるはずです．しかし，ちょっと待ってください．本当に，ハードウェアで実現するのが最良かも検討してください．安価なマイクロプロセッサがたくさんあります．マイクロプロセッサも優れたハードウェアなのです．マイクロプロセッサとソフトウェアの組合せであれば，簡単に機能変更に対応できます．これらがハードウェアに対して劣る「スピード」「消費電力」「セキュリティ」などの要因で，どうしてもハードウェア（論理回路）で実現しなければならないユニットのみ設計し，残りは，安価で使いやすいマイクロプロセッサで実現することを考えてください．

　ここまで本書を読み進めてきたことで，皆さんが苦手だったかもしれないハードウェアに恐れを抱かないようになったと思います．ちょっとした機能でも，これをハードウェアで実現したらどうなるか，MPU＋ソフトウェア，それに専用のハードウェアで実現したらどうなるかを想像できるようになったでしょうか．そうすれば，ハードウェア技術者，組込みシステムの技術者へ一歩近づけたのです．よい設計は，たくさんのよい設計例を学び，自分で手と頭を動かすことで得られるはずです．

> 自分の手と頭を動かすことでよい設計が得られるはずじゃ．頑張ってくれ．

まとめ

　順序回路は，その動作を 6-1 節の表現法で表すことができれば，あとは素直に HDL で記述すればよいです．

　自動合成で作られる回路のブロック図をイメージすることで，所望の回路を間違いが少なく作りやすくなります．

　HDL で記述された式がどのような原理で置き換えられるかを知ると，効率のよい回路を設計できます．

　加減算の回路などの代表的な回路は，単に＋と－を書いて記述すれば性能のよい論理回路が生成されます．

　乗算器や除算器は，自分で設計してはいけません．あらかじめ設計済みの回路を使うべきです．

　グルーロジックは，自分で書かなければいけない代表例です．これを自由に HDL で書けることが重要です．

　大きなシステムをいくつかの機能に分けて，それらをさらに細分化してユニットを設計できる力が必要です．

　設計はたくさんすればするほど，良い設計をたくさん学べば学ぶほど良い設計者になれるでしょう．実際に設計をするときは，さまざまな条件を満たすことを頭に入れて行うべきです．これらについては，本書の範疇を超えているのでほかの専門書や論文などで学んでください．

例題 5

図 6・5 に示したシーケンサを Verilog HDL で記述しなさい

解答　Verilog HDL の記述を以下に示します．

```
module sequencer1(clock, reset_N, start,  ledout);

    input clock;
    input reset_N;
```

```verilog
    input start;
    output [2:0] ledout;


    reg [2:0] state;


    parameter Init = 3'b001;
    parameter Fetch = 3'b010;
    parameter Exec = 3'b100;


    always@(posedge clock or negedge reset_N) begin
        if(!reset_N)begin
            state <= Init;
        end else if(state==Init) begin
            if(start==1)begin
                state <= Fetch;
            end
        end else begin
            if(state==Fetch)begin
                state<=Exec;
            end else begin
                state<=Fetch;
            end
        end
    end

    assign ledout = state;

endmodule
```

これを自動合成すると以下の状態図が示され，正しく設計されていそうなことを確認できます．同様に，状態遷移の条件も表で示され，最後に回路図が得られます．

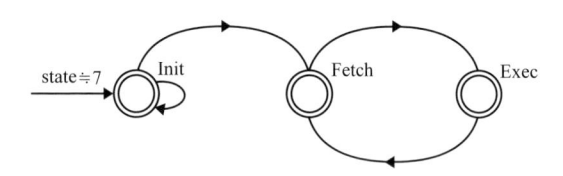

	Souce State	Destinnetion	Condition
1	Exec	Fetch	
2	Fetch	Exec	
3	Init	Init	(!start)
4	Init	Fetch	(start)

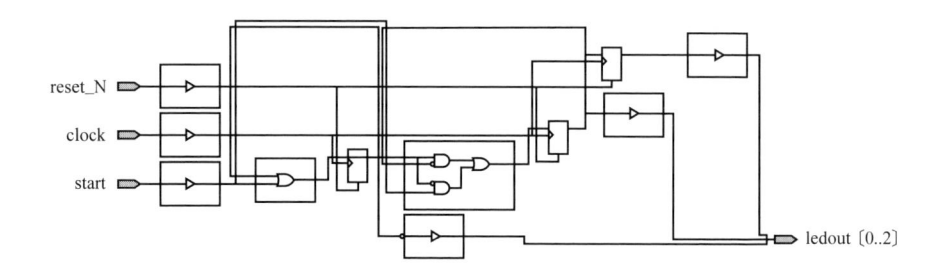

練習問題

① 例題2の解答に示した状態図からムーア形順序回路を設計せよ．状態割当てはグレイ符号を利用しなさい．

② 次の図に示すシーケンス回路を設計しなさい．信号割当てには，ワンホット符号を用いること．

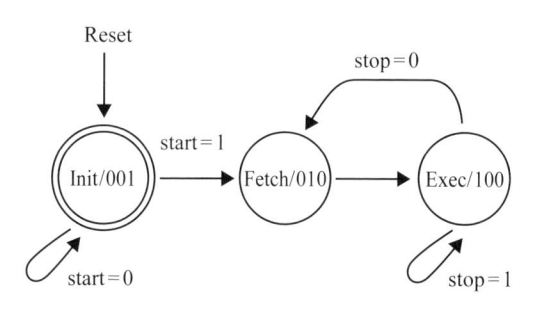

stop入力付シーケンサの状態図

③ 5章例題8の図1は，3ビットのジョンソンカウンタであった．同様に4ビットのジョンソンカウンタを構成し，動作解析を行いなさい．

④ ③で調べた回路を実際に使うときの注意点があれば述べなさい．

⑤ 3けたのジョンソンカウンタを設計しVerilog HDLで記述しなさい．

⑥ ②の図で示したシーケンサをVerilog HDLで記述しなさい．

練習問題 解答&解説

1章

① 12ビットのA-D変換器なので，$0 \sim 10\text{V}$のアナログ電圧値が$0 \sim 4\,095\,(2^{12}-1)$のディジタル値に変換される．したがって，ディジタル値が512の場合のアナログ電圧値は

$$10 \times 512/4\,095 \fallingdotseq 1.25\text{V}$$

となる．

---

② $0 \sim 15$番目のデータを順番にD-A変換し，再び0番目のデータに戻るのに要する時間は，図のように$0.1 \times 16 = 1.6\text{ms}$となる．そしてこれがD-A変換器から出力されるのこぎり波の1周期になる．これを周波数に直すと

$$1/1.6 = 0.625\text{kHz} = 625\text{Hz}$$

となる．

---

③

10進数	2進数	16進数
0.25	0.01	0.4
0.5	0.1	0.8
0.75	0.11	0.C

10進数	2進数	16進数
9	1001	9
12	1100	C
15	1111	F

左側の小数の表は次のようになる．

- 10進数0.25は，$0.25 = 2^{-2} = 4 \times 16^{-1}$となる．したがって，$0.25_{10} = 0.01_2 = 0.4_{16}$となる．
- 2進数0.1_2は10進数に直すと，$2^{-2} = 8 \times 16^{-4} = 0.5$となる．したがって，$0.5_{10} = 0.1_2 = 0.8_{16}$となる．
- 16進数$0.C_{16}$は10進数に直すと，$12 \times 16^{-1} = 12 \times 2^{-4} = 0.75$となる．したがって，$0.75_{10} = 0.1100_2\,(0.11_2) = 0.C_{16}$となる．

（右側の整数の表の説明は省略）

---

④ 10進数の16を8けたの2進数で表すと

$$16_{10} = 0000\,1111_2$$

になる．これを8けたの2の補数表現の負数に変換するには，本文p.18の(2)のように，まず，すべてのけたの1と0を入れ換える．

$$0000\,1111_2 \rightarrow 1111\,0000_2$$

ここに1を加える．

$$1111\,0001_2 = -16_{10}$$

⑤ 問題の式をそのまま論理回路で表すと，次図のようになります．

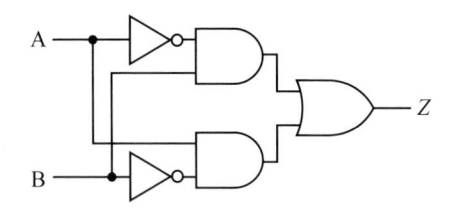

⑥ 右図のように，n-MOSは直列に，p-MOSは並列に接続すると，3入力NAND回路として動作する．

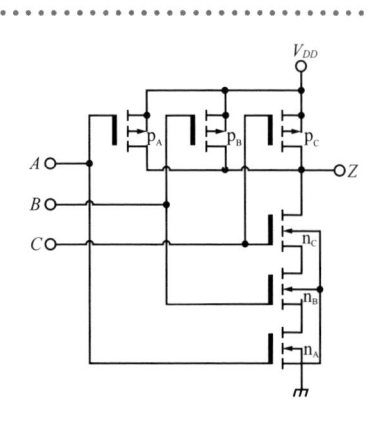

2章

① $\overline{A+B}$, $\overline{A} \cdot \overline{B}$ の真理値表を表1，表2に示す．

表1　$\overline{A+B}$の真理値表

入　力		中　間	出　力
A	B	$A+B$	$Y(=\overline{A+B})$
0	0	0	1
0	1	1	0
1	0	1	0
1	1	1	0

204

表2　$\overline{A \cdot B}$の真理値表

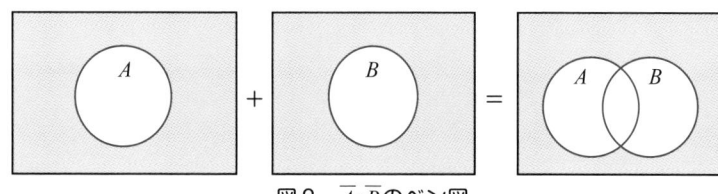

入力		中間		出力
A	B	$\overline{A}$	$\overline{B}$	$Y(=\overline{A}\cdot\overline{B})$
0	0	1	1	1
0	1	1	0	0
1	0	0	1	0
1	1	0	0	0

次にベン図でド・モルガンの定理を検討する．左辺$\overline{A+B}$を表すベン図は図1のようになる．

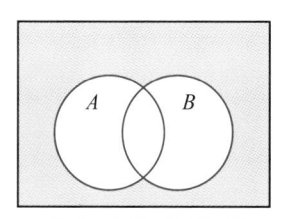

図1　$\overline{A+B}$のベン図

一方，右辺は$\overline{A}\cdot\overline{B}$なので，図2のようになる．

図2　$\overline{A}\cdot\overline{B}$のベン図

左辺の演算と右辺の演算結果が一致した．この関係を基本論理回路で構成していく．左辺は$\overline{A+B}$なので，単純にNOR回路に相当する．右辺は$\overline{A}\cdot\overline{B}$なので，図2・8 (b)のようになる．

②ベン図を使って $A \cap \overline{B} \cap C$, $A \cap B \cap \overline{C}$ を表すと図1，図2のようになる．

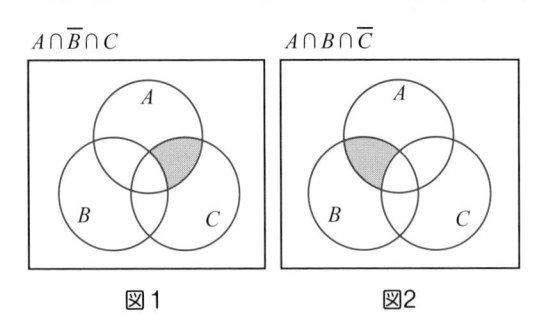

$A \cap \overline{B} \cap C$　　　$A \cap B \cap \overline{C}$

図1　　　　　図2

両図の和集合 $(A \cap \overline{B} \cap C) \cup (A \cap B \cap \overline{C})$ を求めると図3になる．

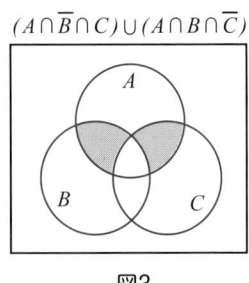

$(A \cap \overline{B} \cap C) \cup (A \cap B \cap \overline{C})$

図3

③ (1) $Y = (\overline{A} + \overline{B})(\overline{A} + B)(A + \overline{B}) = (\overline{A} \cdot \overline{A} + \overline{A} \cdot B + \overline{A} \cdot \overline{B} + B \cdot \overline{B}) \cdot (A + \overline{B})$
$= (\overline{A} + \overline{A} \cdot (B + \overline{B}) + 0) \cdot (A + \overline{B}) = (\overline{A} + \overline{A}) \cdot (A + \overline{B}) = \overline{A} \cdot (A + \overline{B})$
$= A \cdot \overline{A} + \overline{A} \cdot \overline{B} = \overline{A} \cdot \overline{B}$
(2) $Y = A \cdot B + A \cdot \overline{B} + \overline{A} \cdot B + \overline{A} \cdot \overline{B} = A \cdot (B + \overline{B}) + \overline{A} \cdot (B + \overline{B}) = A + \overline{A} = 1$
(3) $Y = (A + B) \cdot (A + \overline{B}) \cdot (\overline{A} + B) \cdot (\overline{A} + B)$
$= (A \cdot A + A \cdot \overline{B} + A \cdot B + B \cdot \overline{B}) \cdot (\overline{A} \cdot \overline{A} + \overline{A} \cdot B + \overline{A} \cdot B + B \cdot \overline{B})$
$= (A + A \cdot (\overline{B} + B) + 0) \cdot (\overline{A} + \overline{A} \cdot (\overline{B} + B) + 0) = (A + A) \cdot (\overline{A} + \overline{A})$
$= A \cdot \overline{A} = 0$

④ 与式 $Y = A \cdot B \cdot \overline{C} = A \cdot \overline{B} \cdot \overline{C} = \overline{A} \cdot B \cdot C$ を基本論理回路で構成すると図1のようになる.

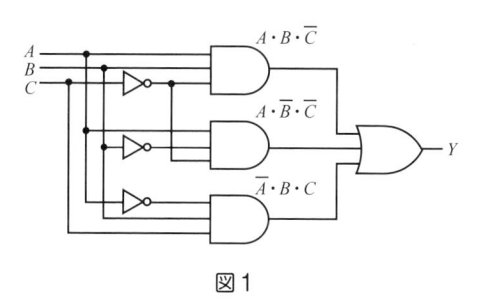

図1

OR回路の入力までNANDに変換すると図2のようになる.

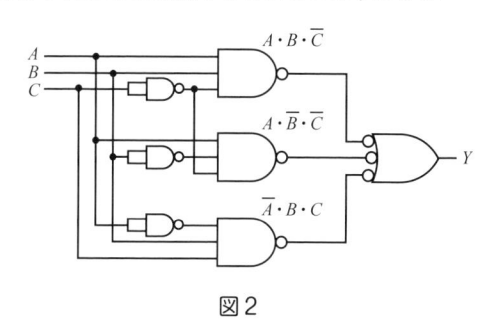

図2

ここで,ド・モルガンの定理を使って図3の $\overline{A \cdot B}$ 演算回路と $\overline{A} + \overline{B}$ 演算回路の変換(2-3節参照)を使うと図4のようなNAND回路のみを用いた演算回路が構成できる.

図3

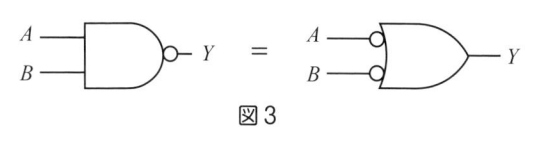

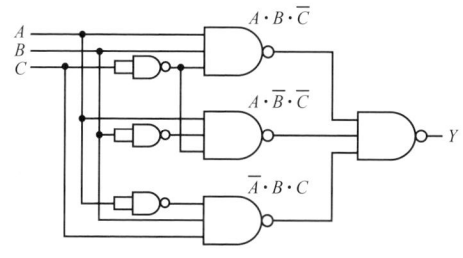

図4 NAND素子による演算回路

3章

① 主加法標準形でZを表すと，次の式になる．
$$Z = \overline{A}\cdot\overline{B}\cdot\overline{C} + \overline{A}\cdot\overline{B}\cdot C + A\cdot\overline{B}\cdot\overline{C} + A\cdot B\cdot\overline{C}$$
主乗法標準形でZを表すと，次の式になる．
$$Z = (A + \overline{B} + C)\cdot(A + \overline{B} + \overline{C})\cdot(\overline{A} + B + \overline{C})\cdot(\overline{A} + \overline{B} + \overline{C})$$

② 与えられたカルノー図を四角形で囲んでいくと，次のようになる．囲む際，2^n個（1, 2, 4, 8……個）の単位で1を囲むようにし，なるべく大きく，かつ，少ない囲みで，囲むようにする．なお，端の線は，反対側の端の線と隣接しているものと考える．

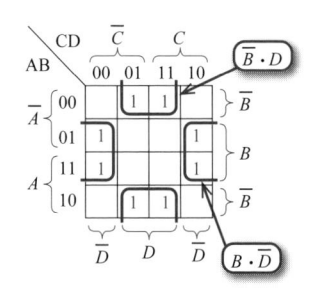

4変数カルノー図に四角形の囲みを入れたもの

このカルノー図から出力Zの式を求めると，次のようになる．
$$Z = \overline{B}\cdot D + B\cdot\overline{D}$$

③ 与えられたカルノー図を四角形で囲んでいくと，次のようになる．囲む際，2^n個（1, 2, 4, 8, ……個）の単位で1を囲むようにし，なるべく大きく，かつ，少ない囲みで，囲むようにする．なお，端の線は，反対側の端の線と隣接しているものと考える．

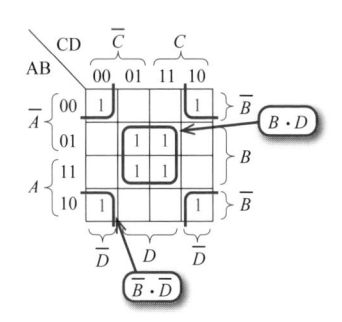

4変数カルノー図に四角形の囲みを入れたもの

このカルノー図から出力 Z の式を求めると，次のようになる．
$Z = B \cdot D + \overline{B} \cdot \overline{D}$

④ 与えられた Z の論理式より，カルノー図を描くと次の図のようになる．

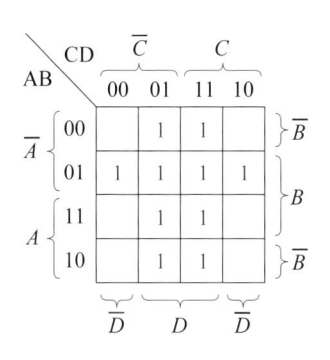

4変数カルノー図

与えられたカルノー図を四角形で囲んでいくと，次の図のようになる．囲む際，2^n 個（1, 2, 4, 8,……個）の単位で 1 を囲むようにし，なるべく大きく，かつ，少ない囲みで，囲むようにする．

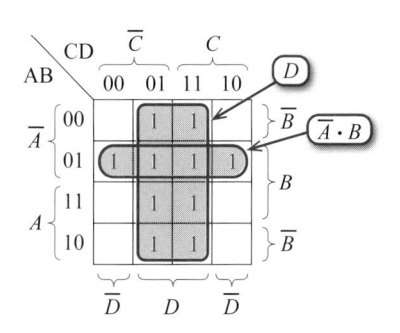

4変数カルノー図に四角形の囲みを入れたもの

このカルノー図から，出力 Z の式を求めると，以下のようになる．
$Z = D + \overline{A} \cdot B$

⑤ まず，1の個数によって区分しながら，第1のリストを作成する．

	論理変数 10進	A	B	C	D
1の個数が2	3	0	0	1	1
	9	1	0	0	1
1の個数が3	7	0	1	1	1
	13	1	1	0	1
1の個数が4	15	1	1	1	1

第1のリスト

次に，上記の第1のリストにおいて，隣り合うグループの1と0をそれぞれ比較して，1か所だけ違う部分があるかどうかを探す．もし，隣り合うグループで1か所だけ違う部分が見つかれば，その箇所を「−」と表記したものを表の右端に記入し，チェック印をつける．

	論理変数 10進	A	B	C	D		
1の個数が2	3	0	0	1	1	✓	0 − 1 1 (3,7)
	9	1	0	0	1	✓	1 − 0 1 (9,13)
1の個数が3	7	0	1	1	1	✓	− 1 1 1 (7,15)
	13	1	1	0	1	✓	1 1 − 1 (13,15)
1の個数が4	15	1	1	1	1	✓	

第1のリスト

つづいて第2のリストを作成する．これ以上追記できないため，ここで変数 α, β, γ, δ を割り当てる．

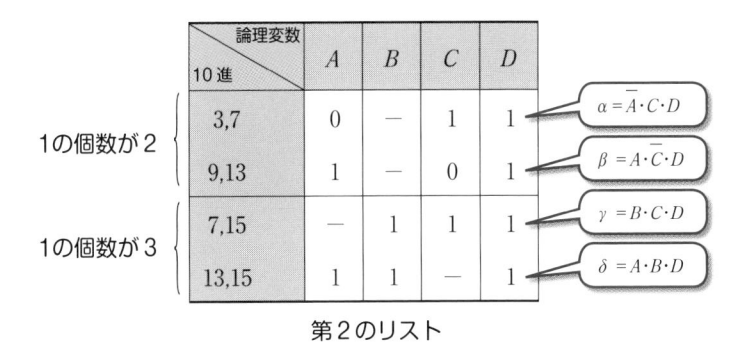

論理変数 10進	A	B	C	D	
3, 7	0	—	1	1	$\alpha = \overline{A} \cdot C \cdot D$
9, 13	1	—	0	1	$\beta = A \cdot \overline{C} \cdot D$
7, 15	—	1	1	1	$\gamma = B \cdot C \cdot D$
13, 15	1	1	—	1	$\delta = A \cdot B \cdot D$

(1の個数が2: 3,7 と 9,13 / 1の個数が3: 7,15 と 13,15)

第2のリスト

次に，以下のように，主項表を作成する．主項表の最小項（10進数，3, 7, 9, 13, 15）を順番に下に見ていき，チェック印が一つのものを丸で囲む．この丸で囲まれたものが，必須項となる．必須項 α は 3 と 7 を含み，必須項 β は，9 と 13 を含む．残りの主項 γ または δ で 15 を含められればよいことになる．本問の場合は，γ でも δ でも，どちらでも 15 を含めることができる．この場合，γ と δ の簡単な式のほうを含めればよいことになるが，本問は，どちらも 3 変数の論理積のため，どちらを含めてもよいことになる．

主項表

主項 \ 最小項(10進)	3	7	9	13	15
$\alpha = \overline{A} \cdot C \cdot D$	✓（丸）	✓			
$\beta = A \cdot \overline{C} \cdot D$			✓（丸）	✓	
$\gamma = B \cdot C \cdot D$		✓			✓
$\delta = A \cdot B \cdot D$				✓	✓

（丸で囲んでいる箇所は必須項を示します）

そのため，答えは
$$Z = \alpha + \beta + \gamma = \overline{A} \cdot C \cdot D + A \cdot \overline{C} \cdot D + B \cdot C \cdot D$$
または
$$Z = \alpha + \beta + \delta = \overline{A} \cdot C \cdot D + A \cdot \overline{C} \cdot D + A \cdot B \cdot D$$
のどちらでもよいことになる．

4章

① 与えられた真理値表より，カルノー図を作成すると次の図（左）のようになる．
このカルノー図を四角形で囲んでいくと，図（右）のようになる．囲む際，2^n 個（1, 2, 4, 8, ……個）の単位で1を囲むようにし，なるべく大きく，かつ，少ない囲みで，囲むようにする．

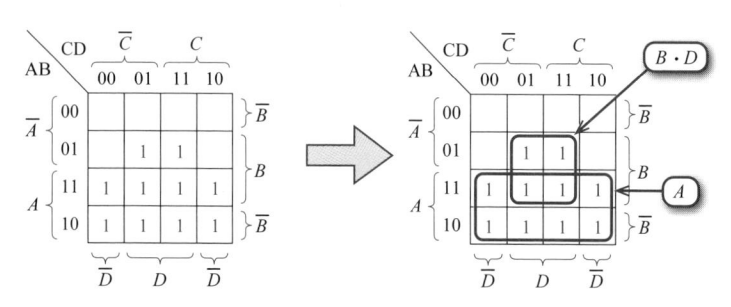

4変数カルノー図　　　　4変数カルノー図に四角形の囲みを入れたもの

このカルノー図から，出力 Z の式を求めると，次のようになる．
$Z = A + B \cdot D$
この式をもとに回路図を描くと，次のようになる．

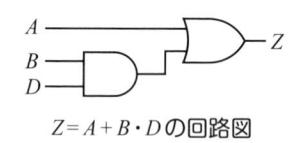

$Z = A + B \cdot D$ の回路図

② 与えられた真理値表より，カルノー図を作成すると次の図（左）のようになる．このカルノー図を四角形で囲んでいくと，図（右）のようになる．囲む際，2^n 個（1, 2, 4, 8, ……個）の単位で1を囲むようにし，なるべく大きく，かつ，少ない囲みで，囲むようにする．なお，端の線は，反対側の端の線と隣接しているものと考える．

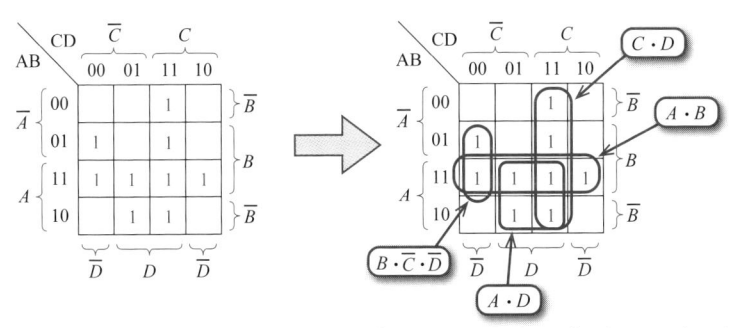

4変数カルノー図

4変数カルノー図に四角形の囲みを入れたもの

このカルノー図から，出力 Z の式を求めると，以下のようになる．
$Z = A \cdot B + A \cdot D + C \cdot D + B \cdot \overline{C} \cdot \overline{D}$
この Z の式をもとに，回路図を描くと次のようになる．

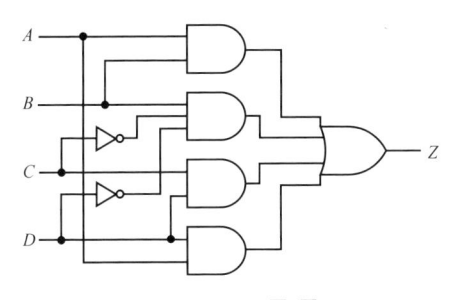

$Z = A \cdot B + A \cdot D + C \cdot D + B \cdot \overline{C} \cdot \overline{D}$ の回路図

③ 3入力の排他的論理和回路（3入力の Exclusive OR 回路）の部分は次図のようになる．

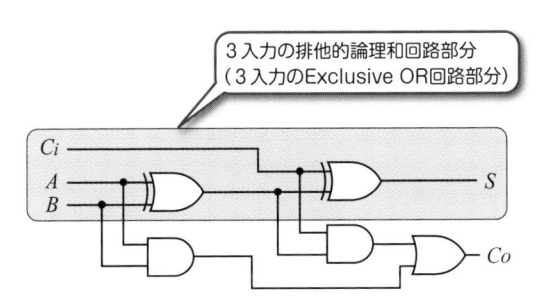

3入力の排他的論理和回路部分（3入力のExclusive OR回路部分）

3入力の多数決回路の部分は次図のようになる．

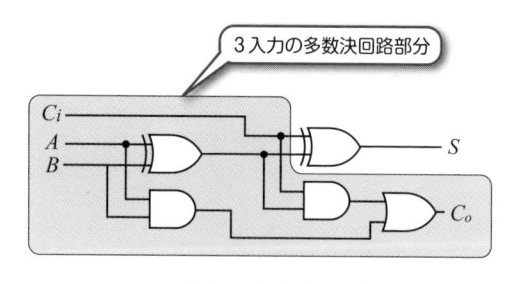

3入力の多数決回路部分

---

④ 2進数 $DCBA$ を10進数の"1"～"9"に変換するデコーダ回路の真理値表を以下のように作成する．

デコーダ回路(2進数-10進数変換)の真理値表

入力（2進数）				出力（10進数）								
D	C	B	A	"1"	"2"	"3"	"4"	"5"	"6"	"7"	"8"	"9"
0	0	0	1	1	0	0	0	0	0	0	0	0
0	0	1	0	0	1	0	0	0	0	0	0	0
0	0	1	1	0	0	1	0	0	0	0	0	0
0	1	0	0	0	0	0	1	0	0	0	0	0
0	1	0	1	0	0	0	0	1	0	0	0	0
0	1	1	0	0	0	0	0	0	1	0	0	0
0	1	1	1	0	0	0	0	0	0	1	0	0
1	0	0	0	0	0	0	0	0	0	0	1	0
1	0	0	1	0	0	0	0	0	0	0	0	1

次に，上記の真理値表をもとに，"1"～"9"の論理式を求めます．"1"～"9"それぞれの列の1の箇所を確認し，1の箇所の入力値の論理積をとることで，論理式を求めることができる．

〈デコーダ回路（2進数－10進数変換）の論理式〉

"1" $= \overline{D} \cdot \overline{C} \cdot \overline{B} \cdot A$　　"2" $= \overline{D} \cdot \overline{C} \cdot B \cdot \overline{A}$

"3" $= \overline{D} \cdot \overline{C} \cdot B \cdot A$　　"4" $= \overline{D} \cdot C \cdot \overline{B} \cdot \overline{A}$

"5" $= \overline{D} \cdot C \cdot \overline{B} \cdot A$　　"6" $= \overline{D} \cdot C \cdot B \cdot \overline{A}$

"7" $= \overline{D} \cdot C \cdot B \cdot A$　　"8" $= D \cdot \overline{C} \cdot \overline{B} \cdot \overline{A}$

"9" $= D \cdot \overline{C} \cdot \overline{B} \cdot A$

上記の論理式をもとに，デコーダ回路（2進数-10進数変換）の回路図を描くと以下のようになる．

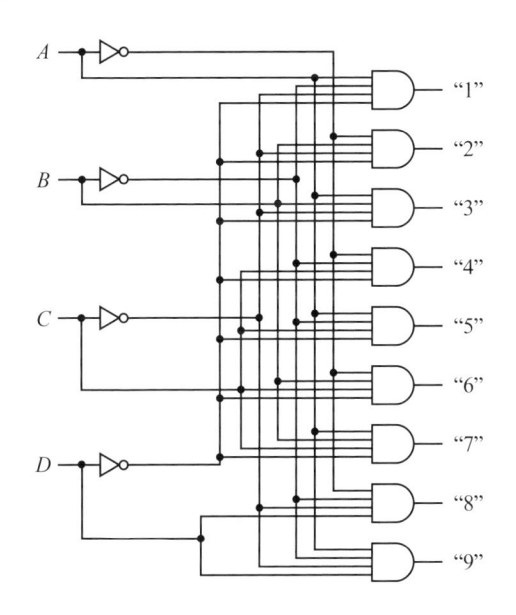

デコーダ回路（2進数-10進数変換）の回路図

---

⑤　まず，エンコーダ回路（10進数-2進数変換）の真理値表を作成する．真理値表は次のようになる．

エンコーダ回路(10進数-2進数変換)の真理値表

入力（10進数）	出力（2進数）			
	D	C	B	A
"1"	0	0	0	1
"2"	0	0	1	0
"3"	0	0	1	1
"4"	0	1	0	0
"5"	0	1	0	1
"6"	0	1	1	0
"7"	0	1	1	1
"8"	1	0	0	0
"9"	1	0	0	1

次に，上記の表をもとに D, C, B, A の論理式を求める．D, C, B, A のそれぞれの列の1の箇所を確認し，1の箇所の入力値の論理和をとることで，論理式を求めることができる．

〈エンコーダ回路（10進数－2進数変換）の論理式〉

$A =$ "1" + "3" + "5" + "7" + "9"
$B =$ "2" + "3" + "6" + "7"
$C =$ "4" + "5" + "6" + "7"
$D =$ "8" + "9"

上記の論理式をもとに，エンコーダ回路（10進数-2進数変換）の回路図を描くと以下のようになる．

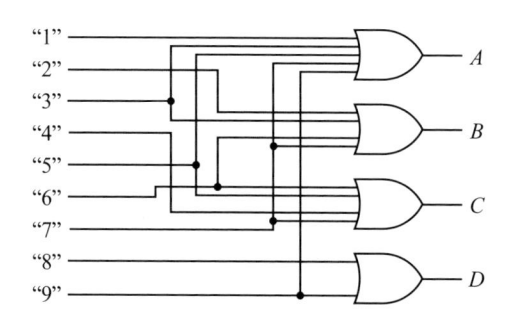

エンコーダ回路（10進数-2進数変換）の回路図

5章

① NOR 回路 2 個で実現した RS ラッチと同様に，値を入力し，下図に示す．

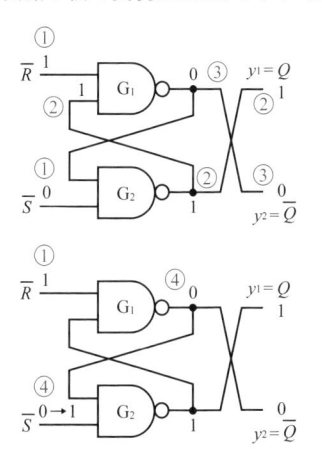

> ① $(\overline{R}, \overline{S})=(1, 0)$ とする．
>
> ② G_2は，NAND である．入力の少なくとも1個が0なので，出力は1になる．
>
> ③ G_1のすべての入力が1なので，出力は0となる．
>
> この結果，出力$(Q, \overline{Q})=(1, 0)$となり，RSラッチはセットされた．
>
> ④ $\overline{S}$を0から1に変化させる．G_2の入力は，0と1なので出力は1のままで変化しない．結局，G_1の出力も変化しない．保持されている．
>
> 注意： $(\overline{R}, \overline{S})=(0, 0)$ に対する出力は，$(Q, \overline{Q})=(1,1)$となる．$\overline{R}=0$はリセットしろ，$\overline{S}=0$はセットしろという指示である．この状態から$(\overline{R}, \overline{S})=(1, 1)$に変化させると，その結果が変化する順番によりセットかリセットかに一意的に決まらない．よってこの入力は使用禁止とする．

　これらから得られる NAND ゲート 2 個で構成した RS ラッチの動作表は以下の通りとなる．セット入力，リセット入力とも負論理となっている．

NANDゲート2個で構成したRSラッチの動作

$\overline{R}$ (Reset)	$\overline{S}$ (Set)	$Q(t+)$	$\overline{Q}(t+)$	機　能
0	0	―	―	使用禁止
0	1	0	1	リセット
1	0	1	0	セット
1	1	$Q(t)$	$\overline{Q}(t)$	保持

② 〈解答例〉　＋端子に電源電圧として 5 V 程度を加えると鳴動する発振回路内蔵の電子ブザーと RS ラッチ，これにリセット用回路と，侵入者が庭などに入り足で切ることを期待した細い導線などから構成されている．電子ブザーは，RS ラッチの出力 Q に接続されている．使用前に，リセット端子につながるスイッチを 1 回 ON とすると，ブザーはリセットされ鳴動しない状態になる．通常時はリセット端子は 0，セット端子も 0 となっている．したがって出力 Q は 0 となり，ブザーは鳴らない．侵入者が，足や靴などで導線を切るか，端子から導線の端子を外すと，セット入力が 1 となり出力 Q が 1 となるため，ブザーが鳴動を始める．万が一，セット入力の導線を侵入者が接続しなおしたとしても，出力 Q は 1 となったままなので，リセットスイッチを

押すまでブザーは鳴り続ける．

〈使用法〉
(1) 警報装置の電源を ON にする．このとき，ブザーが鳴ることがあるが，その場合はリセットスイッチを押せば鳴動は止まる．
(2) ブザーが鳴ったら侵入者が侵入検知用の導線を断線させた可能性がある．警備係を呼ぶなり対応して下さい．

　侵入者が導線を断線させたのでないことを確認したら，リセットスイッチを押してブザーの鳴動を止める．導線を再接続して，ステップ1に戻る．導線が外れたり断線した原因については，調査をしておくことを勧める．

・・

③

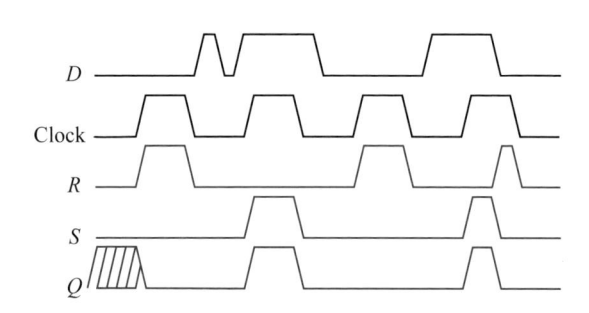

クロック付Dラッチのタイミング・チャート（答え）

・・

④

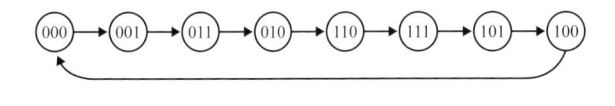

(a) 状態図

000 → 001 → 011 → 010 → 110 → 111 → 101 → 100 →(戻る 000)

(b) 遷移表

Q_2	Q_1	Q_0	D_2	D_1	D_0
0	0	0	0	0	1
0	0	1	0	1	1
0	1	0	1	1	0
0	1	1	0	1	0
1	0	0	0	0	0
1	0	1	1	0	0
1	1	0	1	1	1
1	1	1	1	0	1

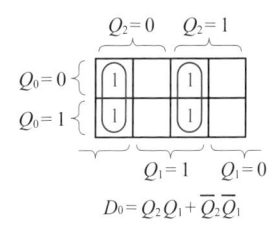

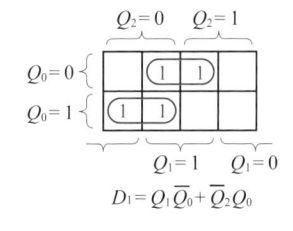

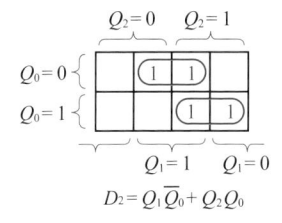

$D_0 = Q_2 Q_1 + \overline{Q_2}\, \overline{Q_1}$

$D_1 = Q_1 \overline{Q_0} + \overline{Q_2} Q_0$

$D_2 = Q_1 \overline{Q_0} + Q_2 Q_0$

(c) カルノー図と論理式

状態図を (a) に遷移表を (b) に示す．(c) に示すようにカルノー図をかき，論理式を求めればよい．

⑤

(a) 状態図

000 → 100 → 110 → 111 → 011 → 001 → (戻る 000)

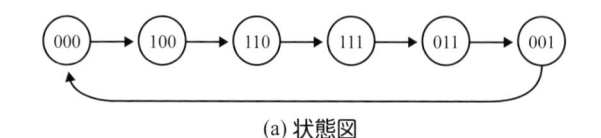

現在の状態			次の状態		
Q_2	Q_1	Q_0	D_2	D_1	D_0
0	0	0	1	0	0
0	0	1	0	0	0
0	1	0	×	×	×
0	1	1	0	0	1
1	0	0	1	1	0
1	0	1	×	×	×
1	1	0	1	1	1
1	1	1	0	1	1

(b) 遷移表

$D_2 = \overline{Q_0}$　　$D_1 = Q_2$　　$D_0 = Q_1$

(c) 論理式

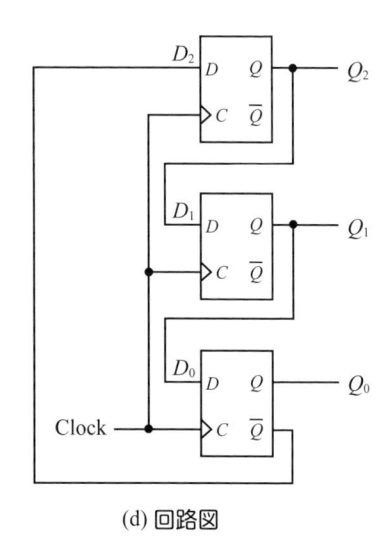

(d) 回路図

　題意から (d) の回路が求まる．例題 8 で学んだようにリセット回路を追加して使うこと．また，ノイズなどにより，いったん未定義状態の 010，または 101 に入り込むと 010 → 101 → 010 → 101 … とくり返し，未定義状態から抜け出せなくなるので，回路にトラップ（わな）を仕掛けて防ぐこともある．

⑥　ジョンソンカウンタは，n 個の D-FF で $2n$ 個の状態を作ることができる．したがって，2 個の D-FF を用いれば 4 個の状態を作ることができる．3 個の D-FF を使えば，5 章例題 8 に示したように 6 状態を表すことができる．リングカウンタとジョンソンカウンタは，D-FF のみで構成できる．一方，2 進カウンタや 3 ビット以上のグレイ符号カウンタなどは，D-FF 以外にゲート回路を必要とする．この外部のゲート回路での信号遅延により，カウンタ全体の動作スピードはリングカウンタおよびジョンソンカウンタより劣る．ただし，表せる状態数は，リングカウンタが n 状態，ジョンソンカウンタが $2n$ 状態，2 進カウンタとグレイ符号カウンタは 2^n 状態であり，同じ状態数を表すために必要なハードウェア資源は異なる．

6章

① 解答例
遷移表を以下に示す.

練習問題①の遷移表（グレイ符号による状態割当）

現在の状態 / 出力		次の状態 $D_1 D_0$	
$Q_1 Q_0$ /	Z	入力	
		$x=0$	$x=1$
0 0	0	0 0	0 1
0 1	0	0 0	1 1
1 0	1	0 0	1 0
1 1	0	0 0	1 0

これよりカルノー図を作成し，論理式，回路図を求める．

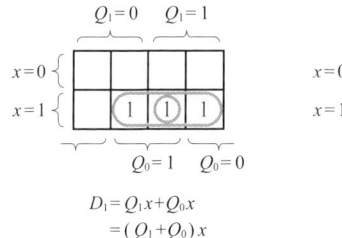

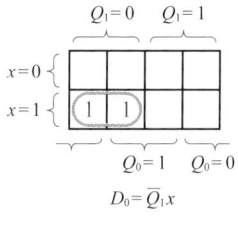

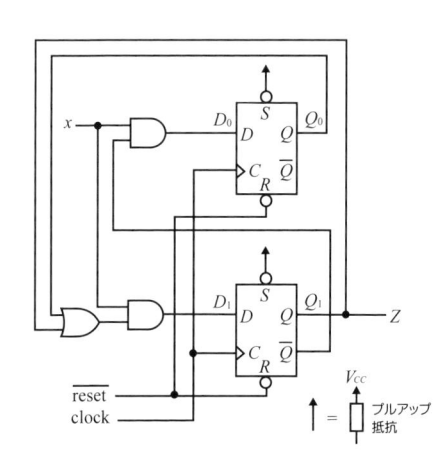

$D_1 = Q_1 x + Q_0 x$
$\quad = (Q_1 + Q_0) x$

$D_0 = \overline{Q_1} x$

② 解答例

遷移表を以下に示す．

練習問題②のシーケンサの遷移表（ワンホット符号による状態割当）

現在の状態			次の状態			
			start = 0 stop = 0	start = 0 stop = 1	start = 1 stop = 0	start = 1 stop = 1
名　称	$Q_2\ Q_1\ Q_0$		$D_2\ D_1\ D_0$	$D_2\ D_1\ D_0$	$D_2\ D_1\ D_0$	$D_2\ D_1\ D_0$
Init	0　0　1		0　0　1	0　0　1	0　1　0	0　1　0
Fetch	0　1　0		1　0　0	1　0　0	1　0　0	1　0　0
Exec	1　0　0		0　1　0	1　0　0	0　1　0	1　0　0

カルノー図を用いて簡単化する場合は5変数のカルノー図を書かなければならない．本問では，ワンホット符号を用いているので，真理値が1になる箇所に着目することで（例題3参照）簡単に論理式は求められる．慣れれば，状態図をからも論理式を導出できるので挑戦してほしい．論理式と回路図とを下図に示す．

$D_0 = Q_0 \overline{\text{start}}$
$D_1 = Q_2 \overline{\text{stop}} + Q_0 \text{start}$
$D_2 = Q_1 + Q_2 \text{stop}$

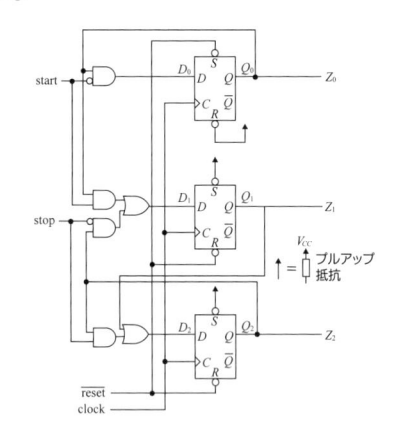

・・

③ 5章例題8の図1を改良した4けたのジョンソンカウンタを図1に示す．0000 → 1000 → 1100 → 1110 → 1111 → 0111 → 0011 → 0001 → 0000 → ……と遷移することがわかっている．これを丸暗記で覚えているとこの答えだけとなり，実は不十分な解答となる．ここでは，詳しく動作を解析していく．

● 4個のD-FFからなるクロック端子付の同期式順序回路である

- 出力はD-FFの出力 Q をそのまま出力している
- 以下に示す遷移表より状態図を描くと図2のようになる(破線と*は④の問題に使う).この状態図からわかるように,二つのループが存在している

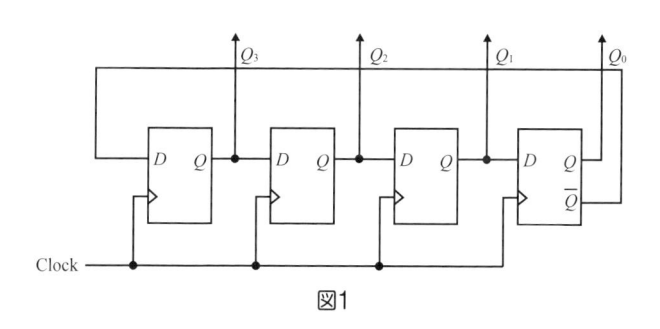

図1

表1 図1の順序回路の遷移表

現在の状態				次の状態			
Q_3	Q_2	Q_1	Q_0	D_3	D_2	D_1	D_0
0	0	0	0	1	0	0	0
0	0	0	1	0	0	0	0
0	0	1	0	1	0	0	1
0	0	1	1	0	0	0	1
0	1	0	0	1	0	1	0
0	1	0	1	0	0	1	0
0	1	1	0	1	0	1	1
0	1	1	1	0	0	1	1
1	0	0	0	1	1	0	0
1	0	0	1	0*	1	0	0
1	0	1	0	1	1	0	1
1	0	1	1	0	1	0	1
1	1	0	0	1	1	1	0
1	1	0	1	0*	1	1	0
1	1	1	0	1	1	1	1
1	1	1	1	0	1	1	1

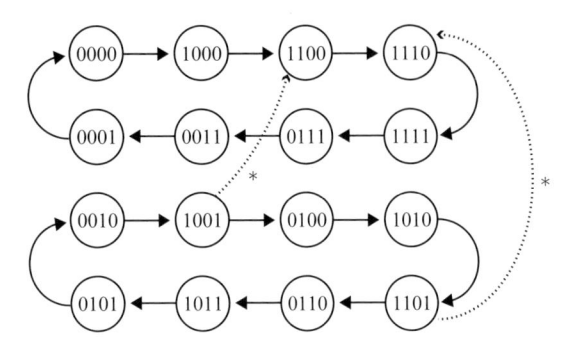

図2の順序回路の状態図

・・・

④ この回路は，ジョンソンカウンタと呼ばれる高速なカウンタである．通常は，図2で0000から始まるループの遷移をカウンタとして用いる．したがって，D-FFの非同期リセットを用いて，使用するときには必ず初期化を行うのが通常の使用法となる．つまり，図1のジョンソンカウンタの回路図にすべてのD-FFの非同期リセット端子を用いて，外部から初期化してから運用するべきである（5章の例題8を参照すること）．0000から始まる遷移をメジャーループと呼び，0010を含む遷移をマイナーループと呼ぶ．メジャーループで運用中に，外部からの雑音などによりD-FFの値が書き換えられた場合には，マイナーループに移動する可能性がある．いったんマイナーループに陥るとそこから抜け出せない．そこで，罠（トラップ）をしかけて，マイナーループからメジャーループに強制的に戻す方法が，たとえば表1の＊欄を0から1に変更して設計すると，$D_3 = \overline{Q_0} + Q_3\overline{Q_1}$が得られる．これを実現すると，ノイズによりマイナーループに遷移してもメジャーループに5クロック以内に戻れる（図2の破線で表す遷移を参照のこと）．

・・・

⑤ Verilog HDLの記述を以下に示す．

```
module jcount(clock, reset_N, state);

    input clock;
    input reset_N;
    output [2:0] state;
    reg [2:0] state;
```

```
        always@(posedge clock or negedge reset_N)begin
            if(!reset_N)begin
                state <= 3'b000;
            end
            else begin
                state <= {~state[0],state[2:1]};
            end
        end

    endmodule
```

・・・

⑥ Verilog HDL の記述を以下に示す.

```
    module sequencer2(clock, reset_N, start, stop, ledout);

        input clock;
        input reset_N;
        input start;
        input stop;
        output [2:0] ledout;

        reg [2:0] state;

        parameter Init = 3'b001;
        parameter Fetch = 3'b010;
        parameter Exec = 3'b100;

        always@(posedge clock or negedge reset_N) begin
            if(!reset_N)begin
                state = Init;
            end else if(state==Init) begin
                if(start==1)begin
                    state <= Fetch;
                end
            end else begin
                if(state==Fetch)begin
```

225

```
                        state<=Exec;
            end else if(!stop)begin
                            state<=Fetch;
                end
        end
    end

    assign ledout = state;

endmodule
```

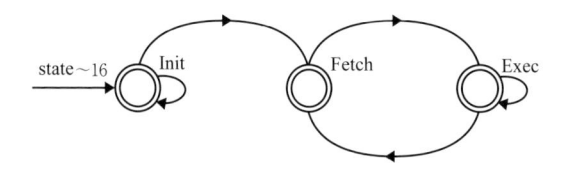

	Souce State	Destinnetion	Condition
1	Exec	Exec	(stop)
2	Exec	Fetch	(!stop)
3	Fetch	Exec	
4	Init	Fetch	(!start)
5	Init	Init	(start)

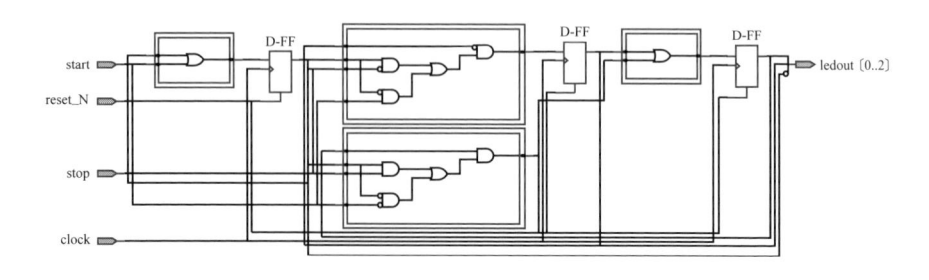

索　引

ア　行

アナログ回路・・・・・・・・・・・・・・・・・・・・・・ 3
アナログコンパレータ・・・・・・・・・・・・ 109
アナログシステム・・・・・・・・・・・・・・・・・ 4
アナログ信号・・・・・・・・・・・・・・・・・・・・・・ 2
アナログ - ディジタル変換・・・・・・・・・ 7
アナログ量・・・・・・・・・・・・・・・・・・・・・・・・ 3
アンドゲート・・・・・・・・・・・・・・・・・・・・・ 22

エッジトリガ形 D フリップフロップ・・ 144
エンコーダ・・・・・・・・・・・・・・・・・・・・・・ 88

オアゲート・・・・・・・・・・・・・・・・・・・・・・ 22
重み付け・・・・・・・・・・・・・・・・・・・・・・・・・・ 6

カ　行

加減算器・・・・・・・・・・・・・・・・・・・・・・・ 104
加法標準形・・・・・・・・・・・・・・・・・・・・・・ 56

組合せ回路・・・・・・・・・・・・・・・・・・・・・ 162
クロック入力付ラッチ・・・・・・・・・・・ 132
クワイン・マクラスキ法・・・・・・・・・ 80

ゲート・・・・・・・・・・・・・・・・・・・・・・・・・・・ 21

コード化・・・・・・・・・・・・・・・・・・・・・・ 5, 10
コンパレータ・・・・・・・・・・・・・・・・・・・ 106

サ　行

差集合・・・・・・・・・・・・・・・・・・・・・・・・・・ 39
サンプリング・・・・・・・・・・・・・・・・・・・・・ 8
サンプリング周波数・・・・・・・・・・・・・・ 11

集　合・・・・・・・・・・・・・・・・・・・・・・・・・・ 38
集合演算記号・・・・・・・・・・・・・・・・・・・・ 39
主加法標準形・・・・・・・・・・・・・・・・・・・・ 56
主乗法標準形・・・・・・・・・・・・・・・・・・・・ 57
順序回路・・・・・・・・・・・・・・・・・・・・・・・ 162
小　数・・・・・・・・・・・・・・・・・・・・・・・・・・ 13
乗法標準形・・・・・・・・・・・・・・・・・・・・・・ 57
真理値表・・・・・・・・・・・・・・・・・・・・・・・・ 44

スレーブラッチ・・・・・・・・・・・・・・・・・ 138

正論理・・・・・・・・・・・・・・・・・・・・・・・・・・ 20
整　数・・・・・・・・・・・・・・・・・・・・・・・・・・ 13
積集合・・・・・・・・・・・・・・・・・・・・・・・・・・ 39
積和標準形・・・・・・・・・・・・・・・・・・・・・・ 56
全加算器・・・・・・・・・・・・・・・・・・・・・・・・ 95
線形帰還シフトレジスタ・・・・・・・・・ 189
全減算器・・・・・・・・・・・・・・・・・・・・・・・ 100

専用 LSI ･････････････････････ 31	標本化････････････････････････ 8
	復号器･･･････････････････････ 90
タ 行	符号化･････････････････････ 5, 10
チャタリング･･････････････････ 128	符号器･･･････････････････････ 88
	符号付き整数･･････････････････ 17
ディジタル - アナログ変換･･･････ 7	符号なし整数･･････････････････ 17
ディジタル回路････････････････ 5	ブール代数･･･････････････････ 42
ディジタルシステム･････････････ 7	プログラマブル LSI ････････････ 31
ディジタル信号････････････････ 4	負論理･･･････････････････････ 20
ディジタル量･････････････････ 5	
デコーダ････････････････････ 90	ベン図･･･････････････････････ 39
デマルチプレクサ･･････････････ 113	
	補集合･･･････････････････････ 40
同期式順序回路･･･････････････ 132	
ド・モルガンの定理･･････････････ 48	**マ 行**
ドントケア･･･････････････････ 62	マスタラッチ･････････････････ 138
	マスタスレーブ形フリップフロップ･･･ 138
ナ 行	マルチプレクサ･･････････････ 112
ノットゲート･･････････････････ 21	
	ミーリ形順序回路･･･････････ 165
ハ 行	
バイト･･････････････････････ 7	ムーア形順序回路･･････････････ 165
バウンシング････････････････ 128	
パリティ回路････････････････ 110	命 題･･･････････････････････ 42
半加算器････････････････････ 93	
半減算器････････････････････ 99	**ラ 行**
汎用 LSI ･･････････････････････ 31	ラッチ･･････････････････････ 118
比較器･････････････････････ 106	離散的･･････････････････････ 5

量子化	9

論理回路	55
論理式	46, 54
論理値	54
論理変数	54

ワ 行

和集合	39
和積標準形	57

英数字

A-D 変換	7, 8
AND ゲート	22
byte	7
CMOS	25
CMOS IC	29
CMOS NAND ゲート	28
CMOS NOR ゲート	29
CMOS NOT ゲート	27
D-A 変換	7, 10
D-FF	144
HDL	192
LFSR	189
n 進数	14
NAND ゲート	28
n-MOSFET	25
NOR ゲート	28
NOT ゲート	21
OR ゲート	22
p-MOSFET	25
RS ラッチ	120
2 進法	7, 14
10 進法	13
16 進法	15

〈監修者紹介〉

渡部英二 （わたなべ　えいじ）

1958年，愛媛県生まれ．1986年，東京工業大学大学院理工学研究科博士後期課程電子物理工学専攻修了．同年，同大学大学院総合理工学研究科物理情報工学専攻助手．1991年，芝浦工業大学システム工学部電子情報システム学科講師．2000年より同教授．現在の所属名称は芝浦工業大学システム理工学部電子情報システム学科．大学院時代より一貫して信号処理と回路理論の分野で研究に従事している．特にディジタルフィルタの構成と実装に興味を持っている．
工学博士
〈主な著書〉
　「基本からわかる　信号処理講義ノート」（監修，オーム社，2014）
　「基本を学ぶ　回路理論」（オーム社，2012）
　「ディジタル信号処理システムの基礎」（森北出版，2008）
〈所属学会〉
　電子情報通信学会，電気学会，映像情報メディア学会，IEEE

〈著者紹介〉

安藤吉伸 （あんどう　よしのぶ）

1966年，東京都生まれ．1999年，筑波大学大学院電子情報工学専攻博士課程修了．現在，芝浦工業大学電気工学科教授．ロボット製作を通じた工学教育，自律移動ロボットのセンサシステム，ナビゲーションの研究に従事．
博士（工学）
〈主な著書〉
　「図解ロボット技術入門シリーズ　ロボットコントロール—C言語による制御プログラミング—」（共著，オーム社，2007）
　「RoboBooks　PICマイコンによるロボット製作入門」（共著，オーム社，2006）
　「RoboBooks　ライントレースロボット入門」（共著，オーム社，2003）
〈所属学会〉
　電気学会，日本機械学会，日本ロボット学会，IEEE
【執筆箇所：3章，4章】

竜田藤男 （たつた　ふじお）

1959年，徳島県生まれ．1982年，東京電機大学工学部二部卒業．同年，同大学工学部電気工学科助手．1990年，同大学工学部講師．2002年，同大学工学部（現，未来科学部）情報メディア学科講師．風力発電システムの研究等に従事．2025年，東京電機大学未来科学部情報メディア学科非常勤講師
〈主な著書〉
　「Wind Energy Conversion System」（共著，Springer，2012）
〈所属学会〉
　電気学会，日本磁気学会
【執筆箇所：1章】

井口幸洋 （いぐち　ゆきひろ）

1960年，東京都生まれ．1982年，明治大学工学部卒業．1987年，明治大学大学院工学研究科電気工学専攻博士後期課程修了．同年10月，明治大学工学部専任助手．その後，専任講師，助教授を経て2008年同大理工学部情報科学科教授．論理設計，多値論理，組込みシステムの研究に従事している．
工学博士
〈主な著書〉
　「LSIテスティングハンドブック」（共著，オーム社，2008）
〈所属学会〉
　電子情報通信学会，IEEE
【執筆箇所：5章，6章】

平栗健二 （ひらくり　けんじ）

1962年，東京都生まれ．1984年東京電機大学工学部卒業．1990年東京電機大学大学院工学研究科博士課程修了．同年，東京電機大学理工学部助手，その後，ウィーン工科大学客員教授，東京電機大学理工学部助教授を経て2004年，教授，2007年より工学部教授．電子材料の研究，電子デバイスの開発に従事している．
工学博士
〈所属学会〉
　電気学会，応用物理学会，IEEE 等
【執筆箇所：2章】

- 本書の内容に関する質問は，オーム社ホームページの「サポート」から，「お問合せ」の「書籍に関するお問合せ」をご参照いただくか，または書状にてオーム社編集局宛にお願いします．お受けできる質問は本書で紹介した内容に限らせていただきます．なお，電話での質問にはお答えできませんので，あらかじめご了承ください．
- 万一，落丁・乱丁の場合は，送料当社負担でお取替えいたします．当社販売課宛にお送りください．
- 本書の一部の複写複製を希望される場合は，本書扉裏を参照してください．

JCOPY <出版者著作権管理機構 委託出版物>

基本からわかる
ディジタル回路講義ノート

2015 年 6 月 10 日　第 1 版第 1 刷発行
2025 年 7 月 10 日　第 1 版第 10 刷発行

監 修 者　渡部英二
著　　者　安藤吉伸・井口幸洋・竜田藤男・平栗健二
発 行 者　髙田光明
発 行 所　株式会社 オーム社
　　　　　郵便番号　101-8460
　　　　　東京都千代田区神田錦町 3-1
　　　　　電話　03(3233)0641(代表)
　　　　　URL　https://www.ohmsha.co.jp/

© 安藤吉伸・井口幸洋・竜田藤男・平栗健二 2015

印刷・製本　平河工業社
ISBN978-4-274-21726-5　Printed in Japan

関連書籍のご案内

電気工学ハンドブック 第7版

一般社団法人 電気学会[編]

電気工学分野の金字塔、充実の改訂！

1951年にはじめて出版されて以来、電気工学分野の拡大とともに改訂され、長い間にわたって電気工学にたずさわる広い範囲の方々の座右の書として役立てられてきたハンドブックの第7版。すべての工学分野の基礎として、幅広く広がる電気工学の内容を網羅し収録しています。

編集・改訂の骨子

- 基礎・基盤技術を固めるとともに、新しい技術革新成果を取り込み、拡大発展する関連分野を充実させた。

- 「自動車」「モーションコントロール」などの編を新設、「センサ・マイクロマシン」「産業エレクトロニクス」の編の内容を再構成するなど、次世代社会において貢献できる技術の取り込みを積極的に行った。

- 改版委員会、編主任、執筆者は、その分野の第一人者を選任し、新しい時代を先取りする内容となった。

- 目次・和英索引と連動して項目検索できる本文PDFを収録したDVD-ROMを付属した。

- B5判・2706頁・上製函入
- 本文PDF収録DVD-ROM付
- 定価(本体45000円(税別)

主要目次 数学／基礎物理／電気・電子物性／電気回路／電気・電子材料／計測技術／制御・システム／電子デバイス／電子回路／センサ・マイクロマシン／高電圧・大電流／電線・ケーブル／回転機一般・直流機／永久磁石回転機・特殊回転機／同期機・誘導機／リニアモータ・磁気浮上／変圧器・リアクトル・コンデンサ／電力開閉装置・避雷装置／保護リレーと監視制御装置／パワーエレクトロニクス／ドライブシステム／超電導および超電導機器／電気事業と関係法規／電力系統／水力発電／火力発電／原子力発電／送電／変電／配電／エネルギー新技術／計算機システム／情報処理ハードウェア／情報処理ソフトウェア／通信・ネットワーク／システム・ソフトウェア／情報システム・監視制御／交通／自動車／産業ドライブシステム／産業エレクトロニクス／モーションコントロール／電気加熱・電気化学・電池／照明・家電／静電気・医用電子・一般／環境と電気学工学／関連工学

もっと詳しい情報をお届けできます。
・書店に商品がない場合または直接ご注文の場合は右記宛にご連絡ください。

ホームページ https://www.ohmsha.co.jp/
TEL／FAX TEL.03-3233-0643 FAX.03-3233-3440

(定価は変更される場合があります)　　　　　　　　　　　　　　　　　　A-1403-125

マジわからん シリーズ

**「とにかくわかりやすい！」だけじゃなく
ワクワクしながら読める！**

今後も続々、発売予定！

電気、マジわからんと思ったときに読む本
田沼 和夫 著
四六判・208頁
定価（本体1800円【税別】）

電子回路、マジわからんと思ったときに読む本
堀 桂太郎 著
四六判・240頁
定価（本体2000円【税別】）

電気回路、マジわからんと思ったときに読む本
二宮 崇 著
四六判・224頁
定価（本体2000円【税別】）

モーター、マジわからんと思ったときに読む本
森本 雅之 著
四六判・216頁
定価（本体1800円【税別】）

もっと詳しい情報をお届けできます．
◎書店に商品がない場合または直接ご注文の場合も右記宛にご連絡ください．

ホームページ https://www.ohmsha.co.jp/
TEL／FAX TEL.03-3233-0643　FAX.03-3233-3440

（定価は変更される場合があります）

基本からわかる 講義ノート シリーズのご紹介

4大特長

1. 広く浅く記述するのではなく，必ず知っておかなければならない事項についてやさしく丁寧に，深く掘り下げて解説しました

2. 各節冒頭の「キーポイント」に知っておきたい事前知識などを盛り込みました

3. より理解が深まるように，吹出しや付せんによって補足解説を盛り込みました

4. 理解度チェックが図れるように，章末の練習問題を難易度3段階式としました

基本からわかる 電気回路講義ノート
- 西方 正司 監修／岩崎 久雄・鈴木 憲吏・鷹野 一朗・松井 幹彦・宮下 收 共著
- A5判・256頁 ●定価(本体2500円【税別】)

基本からわかる 電磁気学講義ノート
- 松瀬 貢規 監修／市川 紀充・岩崎 久雄・澤野 憲太郎・野村 新一 共著
- A5判・234頁 ●定価(本体2500円【税別】)

基本からわかる パワーエレクトロニクス講義ノート
- 西方 正司 監修／高木 亮・高見 弘・鳥居 粛・枡川 重男 共著
- A5判・200頁 ●定価(本体2500円【税別】)

基本からわかる 信号処理講義ノート
- 渡部 英二 監修／久保田 彰・神野 健哉・陶山 健仁・田口 亮 共著
- A5判・184頁 ●定価(本体2500円【税別】)

基本からわかる システム制御講義ノート
- 橋本 洋志 監修／石井 千春・汐月 哲夫・星野 貴弘 共著
- A5判・248頁 ●定価(本体2500円【税別】)

基本からわかる 電力システム講義ノート
- 新井 純一 監修／新井 純一・伊庭 健二・鈴木 克巳・藤田 吾郎 共著
- A5判・184頁 ●定価(本体2500円【税別】)

基本からわかる 電気機器講義ノート
- 西方 正司 監修／下村 昭二・百目鬼 英雄・星野 勉・森下 明平 共著
- A5判・192頁 ●定価(本体2500円【税別】)

もっと詳しい情報をお届けできます。
※書店に商品がない場合または直接ご注文の場合は右記宛にご連絡ください。

ホームページ https://www.ohmsha.co.jp/
TEL／FAX TEL.03-3233-0643 FAX.03-3233-3440

(定価は変更される場合があります)